I0487655

Corpo Editorial
Mariana Ribeiro Volpini Lana

ENGENHARIA BIOMÉDICA: Tópicos Atuais e Avanços nas Diversas Áreas de Atuação

Dados Internacionais de Catalogação na Publicação (CIP)

ENGENHARIA BIOMÉDICA: Tópicos Atuais nas Diversas Áreas de Atuação.

Organizadora: Mariana Ribeiro Volpini Lana. Raleigh, Carolina do Norte, Estados Unidos da América: Lulu Publishing, 2018.

260 p.

ISBN 978-1-387-57406-3

Coletânea de trabalhos elaborados por profissionais da área da Engenharia Biomédica e selecionados pela Universidade FUMEC. 1. ATUALIZAÇÕES NA ÁREA DA ENGENHARIA BIOMÉDICA. 2. ENGENHARIA BIOMÉDICA. 3. UNIVERSIDADE FUMEC.

COLABORADORES

Adriana Borges Teixeira

Bacharel em Física. Especialização em Engenharia Clínica e Engenharia Biomédica pelo Instituto Nacional de Telecomunicações (Inatel). Especialização em Microeletrônica com ênfase em Microfabricação pela Universidade Federal de Minas Gerais (UFMG). Mestre em Física pela UFMG. Docente da Faculdade de Engenharia de Minas Gerais (FEAMIG). Coordenadora do Setor de Extensão da Faculdade de Engenharia e Arquitetura (FEA) da Universidade FUMEC e Docente da Faculdade de Engenharia e Arquitetura (FEA) da Universidade FUMEC.

Anderson Antonio Horta

Designer. Mestre em Design, Inovação e Sustentabilidade pela Universidade do Estado de Minas Gerais (UEMG) com período programa de mestrado da Universitè de Technologie de Compiègne (UTC), França. Doutor em Design pela Pontifícia Universidade Católica do Rio de Janeiro (PUCRIO). Pós-doutorado em Design pela Universidade do Estado de Minas Gerais (UEMG). Pesquisador integrante do grupo de pesquisa Design e Representações Sociais (CNPQ). Docente do Centro Universitário de Belo Horizonte, da Escola de Design da UEMG e do Programa de Pós-Graduação em Design (PPGD/UEMG). Pesquisador do Laboratório de Impressão 3D de órteses para Humanos – OhLab (AMR).

Camila Monteiro Barbosa
Discente em Engenharia Biomédica

Cláudio Roberto Magalhães Pessoa
Engenheiro civil. Especialização em Sistema de Telecomunicações e Redes de Computadores pelo Instituto Nacional de Telecomunicações (Inatel). Especialização em Gestão de Sistemas de Telecomunicações e Redes de Computadores pela Universidade FUMEC. Mestre em Administração de Empresas pela Universidade FUMEC. Doutor em Ciência da Informação pela Universidade Federal de Minas Gerais (UFMG), com um período de Doutorado Sanduíche na Universidade do Porto, Portugal. MBA em Gestão de Negócios e Tecnologia da Informação pela Fundação Getúlio Vargas - FGV/BH e OHIO University – USA. Docente e Pesquisador da Universidade da FUMEC. Coordenador do EAD da Faculdade de Engenharia e Arquitetura Universidade da FUMEC. Membro do Núcleo Avançado de Transferência de Inovação (NATI) Universidade da FUMEC. Consultor em projetos de telecomunicações.

Daniel Gomes de Moura
Engenheiro Eletricista e de Telecomunicações pela Pontifícia Universidade Católica de Minas Gerais (PUCMG). Especialização em Engenharia Clínica e Engenharia Biomédica pelo Instituto Nacional de Telecomunicações (Inatel). Mestre em Sistemas de Informação e Gestão do Conhecimento pela Universidade FUMEC.

Davi Neiva Alves
Designer. Mestrando em Design, Inovação e Sustentabilidade da Escola de Design pela Universidade do Estado de Minas Gerais (UEMG). Pesquisador do Laboratório de Impressão 3D de órteses para Humanos – OhLab (AMR).

Eliane Silva Ferreira Almeida
Cientista Social e Geógrafa. Especialização em Engenharia Clínica e Engenharia Biomédica pelo Instituto Nacional de Telecomunicações (Inatel). Mestre em Geografia pela Universidade Federal de Minas Gerais (UFMG). Doutoranda em Ciências da Educação pela Universidade Trás-os-Montes e Alto Douro (UTAD), Portugal. Pesquisadora da FUNADESP. Coordenadora do Setor de Extensão e Docente da Universidade FUMEC.

Gilberto Mendes
Engenheiro Eletricista. Mestre em Engenharia Elétrica pela Universidade Estadual de Campinas (UNICAMP). Doutor em Engenharia Mecânica na área de Acústica pela (UFMG). Docente da Universidade FUMEC.

Igor Neiva
Discente em Engenharia Biomédica

Jaqueline Lopes Cabral
Discente em Engenharia Biomédica

Jefferson Davis Pena Cária
Engenheiro Eletricista e de Telecomunicações curso de Suplementação e Especialização em Engenharia Clínica e Engenharia Biomédica pelo Instituto Nacional de Telecomunicações (Inatel). Especialização em Qualidade e Produtividade pela Universidade Federal de Itajubá, Qualidade Hospitalar pela Escola de Saúde Pública de Minas Gerais - ESP-MG. Mestre em Ciências e Técnicas Nucleares (UFMG). Coordenador do Setor de Engenharia Clínica do Hospital Metropolitano Dr. Célio de Castro (Hospital Metropolitano do Barreiro), sendo responsável pela gestão de todo parque tecnológico de equipamentos medico assistências e gases medicinais. Docente do curso de Pós-Graduação em Engenharia Clínica/Biomédica do Instituto Nacional de telecomunicações (INATEL). Docente na Faculdade Pitágoras. Discente em Engenharia Biomédica.

Joana Pimenta Maia
Terapeuta Ocupacional. Aperfeiçoamento em Fisioterapia e Terapia Ocupacional com foco na reabilitação infantil pela Associação Mineira de Reabilitação (AMR). Especialista em Psicopedagogia pela Universidade FUMEC. Mestranda em Estudos Culturais Contemporâneos pela Universidade FUMEC. Pesquisadora do Laboratório de Impressão 3D de órteses para Humanos – OhLab (AMR).

Kássio André Lacerda
Químico. Mestre em Ciência e Tecnologia das Radiações Minerais e Materiais pelo Centro de Desenvolvimento da Tecnologia Nuclear/Comissão Nacional de Energia Nuclear (CDTN/CNEN). Doutor em Engenharia de Materiais pela Rede Temática em Engenharia de Materiais (UFOP - CETEC - UEMG). Pós-doutor em Engenharia de materiais pela Universidade Federal de Minas Gerais (UFMG). Coordenador do Curso de Engenharia Química e Docente da Universidade FUMEC.

Lucas Parizzi
Discente em Engenharia Biomédica

Marco Aurélio de Faria Borges
Engenheiro de Computação pela PUC-GO. Mestre em Engenharia Elétrica e de Computação, ênfase em Computação opção Sistemas Inteligentes na área de Engenharia Biomédica pela UFG. Doutorando em Engenharia Elétrica pela UFMG. Pesquisador do Laboratório de Impressão 3D de órteses para Humanos – OhLab (AMR).

Maria Cristina Chavantes
Médica. Aperfeiçoamento em Broncoscopia pelo Hospital de Base do Distrito Federal (HDB-DF). Residência médica no Hospital das Forças Armadas (HFA). Mestrado profissional em Medicina pela School of Medicine in Chiba University, Japão. Doutorado pela Freie Universitaet Berlin (Klinikum Steglitz)

(Sennator Der Berlin- Grant), Alemanha (1986). Post-Doc. Henry Ford Hospital Brasil, Brasil. Docente da Faculdade de Medicina da USP. Docente do Curso de Pós-graduação em Engenharia Biomédica e Clínica do INATEL. Diretora do Serviço da Central Médica de Laser InCor – HC/FMUSP.

Maria da Glória Braz

Engenheira Civil. Mestre em Saneamento, Meio Ambiente e Recursos Hídricos pela Universidade Federal de Minas Gerais (UFMG). Doutora em Engenharia de Minas e Metalúrgica e pela Universidade Federal de Minas Gerais (UFMG). Diretora e Responsável Técnico da EH2 - Estudos Hidrológicos e Hidráulicos Ltda. Docente e Pesquisadora da Universidade FUMEC.

Mariana Ribeiro Volpini Lana

Fisioterapeuta. Especialista em Reabilitação Neurológica pela FCMMG. Mestre e Doutora em Bioengenharia pela UFMG com período sanduíche na Swiss Federal Institute of Technology (ETH-Zurich). Supervisora Técnica da Oficina Ortopédica da Associação Mineira de Reabilitação e Coordenadora do Laboratório de Impressão 3D de órteses para Humanos – OhLab (AMR). Docente da Faculdade de Ciências Médicas de Minas Gerais. Coordenadora do Curso de Engenharia Biomédica e Docente da Universidade FUMEC.

Mariana Rodrigues Carvalho De Aquino
Fisioterapeuta. Mestranda em Ciências da Reabilitação pela UFMG. Pesquisadora do Laboratório de Impressão 3D de órteses para Humanos – OhLab (AMR).

Osires Junior
Discente em Engenharia Biomédica

Patrícia de Azambuja
Bióloga. Especialização em Engenharia Clínica e Engenharia Biomédica pelo Instituto Nacional de Telecomunicações (Inatel). Mestranda em Neurociências na UFMG. Docente do Centro Universitário Una e da Universidade FUMEC.

Paulo Henrique Rodrigues Guilherme Reis
Engenheiro de Produção pela Universidade Federal de Ouro Preto (UFOP). Mestre e Doutorando em Engenharia de Produção pela Universidade Federal de Minas Gerais (UFMG). Pesquisador do Laboratório de Impressão 3D de órteses para Humanos – OhLab (AMR).

Paulo Maurício Costa Gomes
Físico. Especialização em andamento em Estatística pela Universidade Federal de Minas Gerais (UFMG). Especialização em Engenharia Clínica e Engenharia Biomédica pelo Instituto Nacional de Telecomunicações (Inatel). Mestre em Ciências e Técnicas Nucleares e licenciado em Física pela Universidade

Federal de Minas Gerais. Tradutor de livros técnicos-científicos. Docente da Universidade FUMEC.

Robson José Durães
Matemático. Especialização em Análise de Sistemas pela Universidade Federal de Minas Gerais (UFMG). Especialização em Engenharia de Comunicação de Dados pelo Instituto Nacional de Telecomunicações (Inatel). Especialização em andamento em Engenharia Biomédica e Engenharia Clínica pelo Instituto Nacional de Telecomunicações (INATEL).

Severino Dias Carneiro
Engenheiro Eletricista. Especialização em Engenharia Clínica e Engenharia Biomédica pelo Instituto Nacional de Telecomunicações (Inatel). Especialização em Engenharia de Redes e Sistemas de Telecomunicações pelo Instituto Nacional de Telecomunicações (Inatel). Mestre em Sistemas de Informações e Gestão do Conhecimento pela Universidade FUMEC. Docente da Universidade FUMEC Pesquisador do Grupo de Pesquisa de Gestão da Inovação, Inteligência Competitiva e Empreendedorismo, (GEICE), CNPq.

Thais Taynara Alves
Discente em Engenharia Biomédica

APRESENTAÇÃO

A Engenharia Biomédica é uma área multidisciplinar em ascensão que integra os princípios das ciências exatas e das ciências biológicas, englobando quatro subáreas: Bioengenharia, Engenharia de Reabilitação, Engenharia Médica ou Instrumentação Médica, e Engenharia Clínica ou Hospitalar.

A presente obra reúne temas atuais e avanços nas diversas áreas de atuação da Engenharia Biomédica.

Desta forma, este livro reúne trabalhos provenientes dos estudos e das pesquisas de professores, estudantes e colaboradores do curso de Engenharia biomédica da Universidade FUMEC, aos quais agradeço pelo trabalho em equipe, empenho e dedicação ao fechamento deste projeto.

Este livro torna-se uma referência importante para aqueles que desejarem aprofundar em tópicos específicos deste campo de atuação voltado para a prevenção, ao diagnóstico, ao monitoramento de parâmetros fisiológicos, ao tratamento de doenças, inovações tecnológicas voltadas para a saúde, dentre outras atuações.

Mariana Ribeiro Volpini Lana
Belo Horizonte, março de 2018.

SUMÁRIO

Capítulo 1

Anamnese da engenharia clínica sob a ótica dos hospitais gerais de grande porte, em Belo Horizonte/MG

Eliane Silva Ferreira Almeida

Maria da Glória Braz

Jefferson Davis Pena Cária

INTRODUÇÃO

A. *Definição de Engenharia Clínica*

Os engenheiros biomédicos se utilizam dos princípios elétricos, mecânicos, químicos, ópticos e outros fundamentos de engenharia para entender, modificar ou controlar sistemas biológicos, projetar e fabricar equipamentos capazes de monitorar as funções fisiológicas e avaliar o diagnóstico e o tratamento de pacientes. Quando engenheiros biomédicos trabalham dentro de um hospital ou clínica, eles são mais adequadamente chamados de engenheiros clínicos.

A Engenharia Clínica é, então, o âmbito da engenharia biomédica com atuação nos estabelecimentos de saúde (hospitais, clínicas, dentre outros), voltada para o desenvolvimento de atividades baseadas nos conhecimentos de engenharia conjugados aos de gerenciamento, sendo elas aplicadas às tecnologias de saúde [1]. A Engenharia Clínica também possui outras funções, podendo assessorar tecnicamente o setor administrativo na análise da legislação aplicável à tecnologia médica e hospitalar.

Dessa forma, um engenheiro clínico é definido como um engenheiro que se dedica a empregar o conhecimento científico e tecnológico, adquirido na escola e através da prática profissional, nas atividades relacionadas aos cuidados de saúde em ambientes clínicos e/ou hospitalares.

Ressalta-se que os ambientes clínicos englobam desde o atendimento direto ao paciente até a pesquisa, ensino e atividades de serviço destinadas a melhorar o atendimento da pessoa que precisa de cuidados médicos.

O termo engenharia clínica foi criado na década de 1970 por Thomas Hargest e César Cáceres nos Estados Unidos[2], sendo direcionada para o "gerenciamento de equipamentos de saúde, através de consertos, treinamento de usuários, verificação de segurança e desempenho, e especificações técnicas" para aquisição de novos equipamentos.

Ainda de acordo com Ramírez e Calil (2000) [2], os engenheiros clínicos *"através da avaliação e gerenciamento tecnológicos, possuem a habilidade e competência necessárias para ajudar o corpo médico dos hospitais a escolher a melhor tecnologia e a ajudar a implementá-la e utilizá-la de maneira segura e produtiva".*

Para a *American Association of Medical Device*, o profissional da engenharia clínica é aquele *"que introduz nos estabelecimentos de saúde um nível de educação, experiência e comprometimento que o capacita a gerenciar os dispositivos médicos, instrumentos e sistemas com responsabilidade, eficiência e segurança, de tal modo a servir de interface entre esses e o usuário durante o tratamento do paciente"* [3]

Há que se considerar, entretanto, que mesmo havendo variados conceitos, todos os autores corroboram a ideia de que a engenharia clínica possui, como característica central, o fato de "atribuir a este setor a responsabilidade pela gerência de equipamentos médicos nas organizações de saúde" ou seja gerenciar as tecnologias de saúde durante todo o seu ciclo de vida" [4, 5]. A Tabela I apresenta as funções da engenharia clínica de acordo com a Agência Nacional de Vigilância Sanitária (ANVISA):

TABELA I - ALGUMAS ATUAÇÕES DA ENGENHARIA CLÍNICA DENTRO DA INSTITUIÇÃO DE SAÚDE NO BRASIL

⇒ Controlar o patrimônio dos equipamentos médico-hospitalares e seus componentes;

⇒ Auxiliar na aquisição e realizar a aceitação das novas tecnologias;

⇒ Treinar pessoal para manutenção (técnicos) e operação dos equipamentos (operadores);

⇒ Indicar, elaborar e controlar os contratos de manutenção preventiva/corretiva;

⇒ Executar a manutenção preventiva e corretiva dos equipamentos médico-hospitalares, no âmbito da instituição;

⇒ Controlar e acompanhar os serviços de manutenção executados por empresas externas;

⇒ Estabelecer medidas de controle e segurança do ambiente hospitalar, no que se refere aos equipamentos médico-hospitalares;

⇒ Elaborar projetos de novos equipamentos, ou modificar os existentes, de acordo com as normas vigentes (pesquisa);

⇒ Estabelecer rotinas para aumentar a vida útil dos equipamentos médico-hospitalares;

⇒ Auxiliar nos projetos de informatização, relacionados aos equipamentos médico hospitalares;

⇒ Implantar e controlar a qualidade dos equipamentos de medição, inspeção e ensaios, item 4.11 da ISO-9002, referente aos equipamentos médico-hospitalares;

⇒ Calibrar e ajustar os equipamentos médico-hospitalares, de acordo com padrões reconhecidos;

⇒ Efetuar a avaliação da obsolescência dos equipamentos médico-hospitalares, entre outros;

⇒ Apresentar relatórios de produtividade de todos os aspectos envolvidos com a gerência e com a manutenção dos equipamentos médico-hospitalares – conhecidos como indicadores de qualidade e/ou produção.

Fonte: ANVISA, 2016[4]; Shaffer e Shaffer, 1991[3]

B. Histórico

A Engenharia Clínica tem suas origens nos Estados Unidos, mais precisamente na cidade de St. Louis, na década de 1940, quando foi ministrado o curso de manutenção de equipamentos médicos pelas Forças Armadas Norte Americanas (USACE – *United States Army Corps of Engineers*). Posteriormente, esse curso foi realizado em Denver, no Colorado, dando início aos primórdios da engenharia clínica[6].

Devido à rápida proliferação de equipamentos clínicos desenvolvidos em centros universitários especializados em medicina e a necessidade de respostas rápidas a questionamentos e preocupações sobre a segurança do paciente, os engenheiros foram os primeiros profissionais da área das ciências exatas a fazer parte do cenário clínico no final da década de 1960. Nesse processo, a nova especialidade de engenharia, a engenharia clínica, evoluiu para fornecer o suporte tecnológico essencial para o atendimento das novas necessidades surgentes.

Durante a década de 1970, ocorreu o *boom* da engenharia clínica, tendo sucedido grande repercussão positiva devido a eventos que a promoveram, tais como:

• A administração do *US Department of Veterans Affairs (VA)*, agência federal que presta serviços de saúde para veteranos militares, se convenceu de que os engenheiros clínicos eram vitais para a qualidade operacional do sistema hospitalar da *VA* e, assim, dividiu o país em distritos de engenharia biomédica, com um chefe de engenharia biomédica que supervisionava todas as atividades de engenharia nos hospitais do distrito em questão;

• Em todo Estados Unidos, os departamentos de engenharia clínica foram estabelecidos na maioria dos grandes centros médicos e hospitais e em algumas instalações clínicas menores com pelo menos 300 leitos;

• Os engenheiros clínicos foram contratados em números crescentes para ajudar essas instalações a usar a tecnologia existente e incorporar novas tecnologias.

Ressalta-se que com a entrada dos engenheiros clínicos no ambiente hospitalar foram realizadas inspeções de rotina de segurança elétrica em todos os equipamentos que auxiliavam na avaliação clínica dos pacientes, expondo, a princípio, situação de manutenção precária. Posteriormente, foi detectado que as falhas de segurança elétrica representavam apenas uma pequena parte do problema, pois inspeções visuais simples, muitas vezes, revelavam botões quebrados, fios desgastados e até evidências de derramamentos de fluidos sobre os equipamentos. Em análise mais minuciosa, verificou-se que muitos equipamentos e dispositivos não foram instalados e preservados corretamente, conforme as especificações do fabricante e, por isso, os resultados dos exames fornecidos por eles estavam sob suspeita.

Em meados da década de 1970, as inspeções de desempenho antes e depois do uso de equipamentos se tornaram norma e procedimentos de inspeção de qualidade foram desenvolvidos. Os departamentos de engenharia clínica se tornaram o suporte de logística para todas as tecnologias médicas, sendo o responsável por todos os instrumentos e sistemas biomédicos utilizados em hospitais e centros de saúde.

Ainda na década de 1970, tem início o processo de certificação dos equipamentos médicos através da *Food and Drug Administration (FDA)* que inicia as ações de normalização, registro, inspeção e orientação para os equipamentos médicos[1]. No entanto, ainda assim não foi suficiente para que se garantisse a segurança dos equipamentos.

Em 1976, foi criada a legislação (PL 94-295) que obrigou os fabricantes a submeter seus equipamentos à certificação da *FDA* antes de serem comercializados. Desde então, se abriu um novo mercado para a engenharia que necessitou de formar profissionais que ocupassem o mercado biomédico em instituições hospitalares e de saúde em geral. Uniram-se os conhecimentos da engenharia às necessidades da área de saúde.

Há que se considerar, contudo, que na década subsequente, a engenharia clínica viria a ser desmerecida por outras áreas tais como a administração, a enfermagem e a medicina, visto que adentrava em áreas antes somente ocupadas por estes profissionais. Gerou-se uma crise de identidade para os engenheiros clínicos, pois se abrira um novo leque de conhecimento que permeava as ciências exatas, as gerenciais e da saúde.

No Brasil, desde 1973, o Ministério da Saúde é obrigado a avaliar a qualidade dos produtos para diagnóstico, antes de autorizar sua comercialização, através da Lei n. 5.991 datada de 17/12/1973[7].

No entanto, somente a partir da década de 1980, quando se observou que inúmeros equipamentos estavam desativados por falta de manutenção, consertos ou carência de reposição de peças, iniciou-se o processo de avaliação da qualidade dos produtos, pois tal situação significava uma perda de milhões de dólares. Mesmo havendo tentativas esporádicas de resolução interna de problemas, havia inúmeras variáveis que barravam o processo: falta de mão de obra especializada, tecnologia, documentação sobre legislação de segurança, dentre outros.

A partir da década de 1990, diante da necessidade premente de implantação da engenharia clínica no Brasil, algumas instituições de ensino superior (UNICAMP, USP, UFPB, UFRS) criaram cursos de especialização financiados pelo Ministério da Saúde. Esses cursos possuíam carga horária de 1935 horas e eram destinados a engenheiros eletricistas e mecânicos que se dispunham a trabalhar na rede hospitalar [2]. Destaca-se que na UNICAMP foi instituída a Central de Engenharia Biomédica (CEB) que passou a ser a referência nacional para o profissional em engenharia biomédica, passando a adquirir e divulgar normas, legislações, regulamentos, dentre outros.

Somente em 1994, o Brasil aprovou a NBR IEC 601-1, segundo a ABNT (1994) [8] que dispõe sobre a segurança de equipamentos eletromédicos. Entre 1993 e 1996, o governo brasileiro, através de portarias, estabeleceu a obrigatoriedade de os fabricantes certificarem seus produtos, observando a referida NBR IEC601-1/1994, utilizando-se dos laboratórios do Instituto Nacional de Metrologia, Qualidade e Tecnologia (INMETRO).

No caso brasileiro, a engenharia clínica também sofreu (e ainda sofre) com a falta de cooperação de administradores, médicos e enfermeiros que não os enxergam como colaboradores importantes para um trabalho conjunto e eficaz, no ambiente hospitalar. É necessária, ainda, a obtenção de informações e metodologias de ações adaptadas à realidade brasileira, de modo a auxiliar no desenvolvimento de ações gerenciais [9].

C. O Papel da Engenharia Clínica na atualidade

Atualmente tem se tornado cada vez mais urgente a necessidade de se paramentar tecnologicamente as instituições de saúde, visto tratar-se de locais onde convergem "não só os conhecimentos profissionais de todas as categorias integrantes da equipe de saúde, mas também os recursos instrumentais e de equipamentos com que a moderna tecnologia enriqueceu o exercício da medicina" [5].

O avanço tecnológico tem permitido uma ampliação da qualidade de vida e, portanto, tornou-se condição *sine qua non* para o desenvolvimento de qualquer atividade. Trabalhar com equipamentos mais precisos, rápidos e eficientes tornou-se uma questão de salvamento de vidas e, como a tecnologia avança no tempo e espaço de forma efêmera, no setor de saúde o aperfeiçoamento deve ser contínuo, ininterrupto e próximo do que há de mais recente.

"Trazendo esta visão da evolução tecnológica para a engenharia clássica, podemos citar os avanços nas áreas de terapia e diagnósticos, nos últimos 30 anos, como: os Centros de Tratamento Intensivo (ventiladores pulmonares, balão de contrapulsação aórtica, monitores multiparamétricos, etc.); as cirurgias cardíacas (aparelhos de anestesia, de circulação extracorpórea, focos prismáticos, bisturis de argônio, etc.); os diagnósticos por imagem (ultrassonografia, tomografia computadorizada, cintilografia, ressonância magnética

nuclear); os exames laboratoriais (bioquímica, hematologia, etc.); os processos cirúrgicos cada vez menos invasivos (videolaparoscopia). Todos esses avanços demonstram a grande evolução já alcançada nos equipamentos biomédicos e, sem dúvida, evoluiremos mais e mais a cada dia" [4].

Dessa forma, as instituições devem sempre buscar novas tecnologias, porém lembrando-se da necessidade de um profissional (ou profissionais) que saiba (m) lidar, não somente com o uso, mas com o gerenciamento "de forma a obter o maior aproveitamento possível de tais tecnologias [5]. Gerenciar as atividades que envolvem este setor é uma das funções do engenheiro clínico, que ainda não é reconhecido pelo mercado. O gerenciamento destes equipamentos objetiva, em linhas gerais, evitar desperdícios, através de ações que envolvem o treinamento e instalação adequados, a avaliação do desempenho, a manutenção, o descarte correto e a real necessidade do equipamento com as características solicitadas.

Rufca (1996) [10] classificou resumidamente as atividades do engenheiro clínico como sendo: avaliação dos equipamentos; planejamento das instalações; gerenciamento da tecnologia; gerenciamento dos riscos; garantia da qualidade dos serviços prestados e capacitação. O referido autor buscou demonstrar a importância do profissional para o sistema de saúde ao atuar em diversos setores de forma integrada.

A Engenharia Clínica tem se tornado um setor necessário aos serviços de saúde na medida em que pode identificar processos e equipamentos ineficientes que ao serem alterados revertem não somente em ganhos financeiros para a instituição como principalmente em atuações mais rápidas e apropriadas. Tal condição repercute na credibilidade e na manutenção da instituição ao reduzir gastos com manutenção, tempo de ociosidade do equipamento, avaliação correta de orçamentos, qualidade dos serviços e técnica dos equipamentos. Assim, um profissional plenamente qualificado para exercer a função de engenheiro clínico será de grande valia, pois conhecendo o parque tecnológico da instituição, saberá das reais necessidades em aquisições, capacitações, desempenho dos funcionários do setor e demandas.

No entanto, sabe-se que ainda há uma grande barreira a ser vencida junto às instituições, principalmente as hospitalares: a qualificação técnica. Mesmo havendo cursos sendo oferecidos, a engenharia clínica no Brasil ainda é considerada muito incipiente. De acordo com a ANVISA (2016) [4], *"O problema para superar a grande barreira de se ter um serviço de engenharia clínica está na baixa consciência das contribuições econômico-financeiras que uma gestão de tecnologia apropriada pode trazer ao ambiente hospitalar. Mesmo em instituições de saúde que já possuem uma equipe de engenharia clínica, muitas vezes, estas restringem-se somente a questões eminentemente técnicas, envolvendo-se muito pouco com questões financeiras, tais como, tempo de máquina parada ou lucro cessante, distribuição de custos por setor, dentre outras".*

Ainda de acordo com a ANVISA (2016) [4], o atual cenário marcado pelo avanço tecnológico tem sido um aliado para a engenharia clínica, tornando este profissional imprescindível para a gestão das tecnologias em saúde. No entanto, como estes setores ainda são escassos nos hospitais brasileiros, a terceirização tem sido a saída por aqueles que já começam a entender a importância da profissão. Porém, buscar estabelecer um setor próprio que realmente atue de forma completa na gestão hospitalar ainda é mais raro, pois sua implantação é mais demorada, face à complexidade desse trabalho e à carência de profissionais no mercado.

O presente capítulo objetivou caracterizar o setor de engenharia clínica de hospitais que prestam atendimentos gerais, classificados pelo Ministério da Saúde como de grande porte, localizados em Belo Horizonte/MG. Através de pesquisas estruturadas realizadas com os responsáveis pelos setores, buscou-se verificar a existência e importância do setor de engenharia clínica nestes hospitais, bem como identificar suas carências e, ainda, caracterizar o perfil do profissional que responde pelo referido setor, além de verificar alguns dos trabalhos executados e constatar as carências inerentes ao local de trabalho.

METODOLOGIA

Para o desenvolvimento do estudo proposto optou-se pelo método de pesquisa quantitativa baseada em dados secundários dos hospitais obtidos junto ao Departamento de Informática do SUS[11] e em dados primários. Para tanto, foi utilizada a técnica de aplicação de questionário estruturado, haja vista a facilidade de organizar os dados apurados nas entrevistas, uma vez que as perguntas e, consequentemente, as respostas são fechadas, podendo-se entender a opinião da maior parte dos entrevistados. É importante ressaltar que as questões propostas neste questionário foram formuladas por pessoas conhecedoras do assunto, sendo vital para o sucesso do estudo, uma vez que os entrevistados não puderam discutir o tema [12].

O estudo adotou etapas que se iniciaram com a definição da pergunta de partida; o levantamento e seleção de bibliografias referentes ao assunto em pauta; a definição dos critérios de seleção da amostra; a elaboração do questionário; a aplicação do questionário; a categorização; a tabulação e posterior interpretação/avaliação dos resultados. Para que se alcançasse efetivamente o foco da pesquisa, a avaliação crítica da informação e sua validade e aplicabilidade, a pergunta de partida escolhida foi: Os setores de engenharia clínica dos hospitais gerais de grande porte de Belo Horizonte/MG são considerados estruturados e importantes para estas instituições, segundo seus responsáveis? Assim, o trabalho investigativo se iniciou pela contextualização do problema para o qual se pretendeu encontrar o diagnóstico ou a análise da realidade. Conhecer a situação problema depreende não apenas conhecer o que causa determinada situação concreta, mas atuar de forma mais eficaz na transformação positiva dos cenários negativos que possam se apresentar.

Conforme informado anteriormente, utilizou-se o banco de dados do Ministério da Saúde, mais especificamente o Cadastro Nacional de Estabelecimentos de Saúde, para obtenção de dados como: tipo de estabelecimento, gestão, número de leitos, atendimento prestado, equipamentos e existência de serviço de manutenção de equipamentos.

Para a determinação da população a ser amostrada foi empregado, como critério inicial, a seleção das instituições hospitalares de Belo Horizonte/MG que se enquadravam como hospital geral e de grande porte, conforme preconizado pelo Ministério da Saúde (1997), totalizando o número de 15 estabelecimentos de saúde.

Em um segundo momento, após a seleção amostral da pesquisa, foram aplicados questionários aos responsáveis pelo setor de engenharia clínica/MEB desses hospitais selecionados, de modo a complementar as informações coletadas junto ao Cadastro

Nacional de Estabelecimentos de Saúde (CNES-DATASUS) [11], não havendo mais nenhum critério excludente. Do total de 15 (100%) profissionais responsáveis pelo setor de engenharia clínica dos hospitais gerais de grande porte de Belo Horizonte, 11 (73,3%) devolveram os questionários respondidos, sendo esta a amostra do presente estudo. Optou-se por não identificar o profissional entrevistado, bem como a instituição na qual ele está vinculado, evitando-se quaisquer transtornos que pudessem trazer prejuízo à veracidade das respostas.

Para o tratamento mais adequado dos dados, buscou-se assegurar a correlação entre objetivo e formas de atingi-lo, assumindo-se as seguintes etapas: tabulação e análise estatística dos dados, avaliação das generalizações obtidas com os dados; inferência das relações causais e interpretação dos dados.

A tabulação é o processo de agrupamento e contagem dos dados das diversas categorias da pesquisa análise. Para a tabulação do presente estudo, foram utilizadas planilhas eletrônicas, usuais nesse caso. A análise estatística, outra etapa da análise e interpretação dos dados, concebeu a descrição dos dados e a avaliação das generalizações obtidas a partir desses dados. Essa análise foi, também, executada através do emprego de planilhas eletrônicas. O teste de hipóteses e o teste de significância não foram utilizados, haja vista ser a amostra muito pequena, não sendo necessário verificar a existência de diferenças reais entre as populações representadas pelas amostras. A apresentação dos dados e discussão foi retratada de forma descritiva e integrada à revisão de literatura sobre o tema, a fim de possibilitar uma análise da engenharia clínica nestas instituições.

RESULTADOS

A classificação utilizada para os hospitais variou de acordo com diversos critérios, a saber:

- Quanto à finalidade, que se subdivide em Geral e Especializada;
- Quanto ao porte: pequeno, médio, grande e de porte especial ou extra;
- Quanto à administração: pública ou particular [14, 15].

Esta população foi selecionada a partir dos conceitos apresentados pelo Ministério da Saúde (1997) [13] que assim os considera:

• *"HOSPITAL – É parte integrante de uma organização médica e social, cuja função básica consiste em proporcionar à população assistência médica integral, curativa e preventiva, sob quaisquer regimes de atendimento, inclusive o domiciliar, constituindo-se também em centro de educação, capacitação de recursos humanos e de pesquisas em saúde, bem como de encaminhamento de pacientes, cabendo-lhe supervisionar e orientar os estabelecimentos de saúde a ele vinculados tecnicamente"*

• *"HOSPITAL GERAL - É o hospital destinado a atender pacientes portadores de doenças das várias especialidades médicas. Poderá ter a sua ação limitada a um grupo etário (hospital infantil), a determinada camada da população (hospital militar, hospital previdenciário) ou a finalidade específica (hospital de ensino)".*

- *"HOSPITAL DE GRANDE PORTE - É o hospital que possui capacidade normal ou de operação de 150 a 500 leitos. Acima de 500 leitos considera-se hospital de capacidade extra. Nota: Os termos pequeno, médio, grande e extra referem-se unicamente ao número de leitos, não tendo qualquer relação com a qualidade e complexidade da assistência prestada"* [14].

Seguindo tais critérios, os hospitais que se enquadraram na categoria da presente pesquisa foram: Hosp. Universitário Ciências Médicas (202 leitos); Hosp. da Baleia (204 leitos); Hosp. Unimed (236 leitos); Hosp. Gov. Israel Pinheiro – HGIP (286 leitos); Hosp. Felício Rocho (299leitos); Associação Mário Pena (305 leitos); Hosp. Mater Dei (314 leitos); Complexo Hospitalar São Francisco (326 leitos); Hosp. Madre Tereza (332 leitos); Hosp. Risoleta Tolentino Neves (368 leitos); Hosp. Júlia Kubitschek (369 leitos); Hosp. das Clínicas da UFMG (504 leitos); Hosp. Municipal Odilon Bherens (505 leitos); Hosp. João XXIII (577 leitos); Santa Casa de Belo Horizonte (1086 leitos) (DATASUS, 2014) [11].

Buscando melhor caracterizar estes estabelecimentos, foram coletados, além do número de leitos, dados junto ao DATASUS (2014) [11] quanto ao número total de profissionais, tipo de atendimento, total de equipamentos existentes e em uso e a existência de serviços cuja demanda seria caracterizada como especializada pelo setor de engenharia clínica, tais como medicina nuclear, diagnóstico por imagem, endoscopia, hemoterapia, oncologia, dentre outros.

Quanto ao total de profissionais dos 15 hospitais, 11 informaram ter um total de 23.616 profissionais atuando, perfazendo uma média de 1.968 profissionais por estabelecimento. Este total indicou que existe um grande contingente de profissionais atuando diuturnamente nos estabelecimentos, fazendo uso de vários equipamentos biomédicos e necessitando de diversos outros que, por vezes, precisam ser adquiridos.

No que se refere ao total de equipamentos, selecionou-se 36 que foram informados ao DATASUS (2014) [11], quando do envio dos dados cadastrais, sendo existentes e em uso. São eles: Gama Câmara, Mamógrafo com Comando Simples, Processadora de Filme Exclusiva para Mamografia, Raio X até 100 Ma, de 100 a 500Ma e mais de 500Ma, Raio X dentário, Raio X para hemodinâmica, Ultrassom convencional, *Doppler* colorido, Ecógrafo, Tomógrafo convencional, Grupo gerador, Usina de oxigênio, Caneta de alta rotação, Bomba de infusão, Desfibrilador, Marca-passo temporário, Monitor de Ecg, Monitor de pressão invasivo, Monitor de pressão não-invasivo, Reanimador pulmonar/Ambu, Respirador/Ventilador, Eletrocardiógrafo, Eletroencefalógrafo, Endoscópio das vias respiratórias, Endoscópio das vias urinárias, Endoscópio digestivo, Equipamentos para Optometria, Laparoscópio/Vídeo, Microscópio cirúrgico, Aparelho de eletroestimulação, Bomba de infusão de hemoderivados, Equipamento de circulação extracorpórea, Equipamento para hemodiálise.

Conforme mostrado na figura 1, existe um número elevado de equipamentos em uso pelos hospitais, no entanto à medida que aumenta o número de leitos ocorre um aumento de equipamentos que não estão sendo usados por algum motivo. Possivelmente estão em manutenção, deixando o hospital a descoberto. Esta condição pode estar interferindo no atendimento do hospital e, caso não haja um setor estruturado de engenharia clínica, o tempo de retorno do equipamento a ativa pode ser maior, ou o custo com a terceirização de serviços pode ser mais oneroso. Considera-se que, neste caso, o gerenciamento destes equipamentos pode não estar sendo feito de forma correta e por profissional devidamente habilitado.

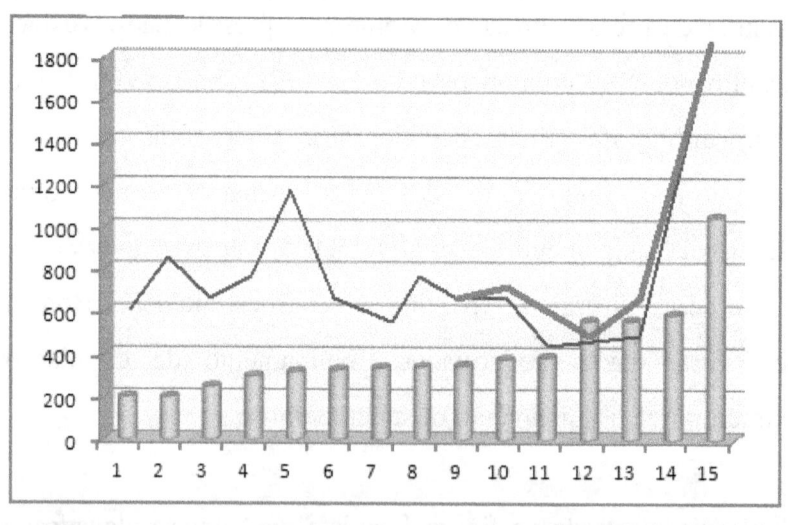

LEITOS
EQUIPAMENTOS EXISTENTES
EQUIPAMENTOS EM USO

Figura 1: Relação entre o número de leitos e equipamentos dos hospitais gerais de grande porte de Belo Horizonte. Fonte: Adaptado de DATASUS, 2014 [11]

Quanto aos serviços oferecidos e cadastrados no DATASUS (2014) [11], foram indicados um total de 29, conforme pode ser visto na Figura 2.

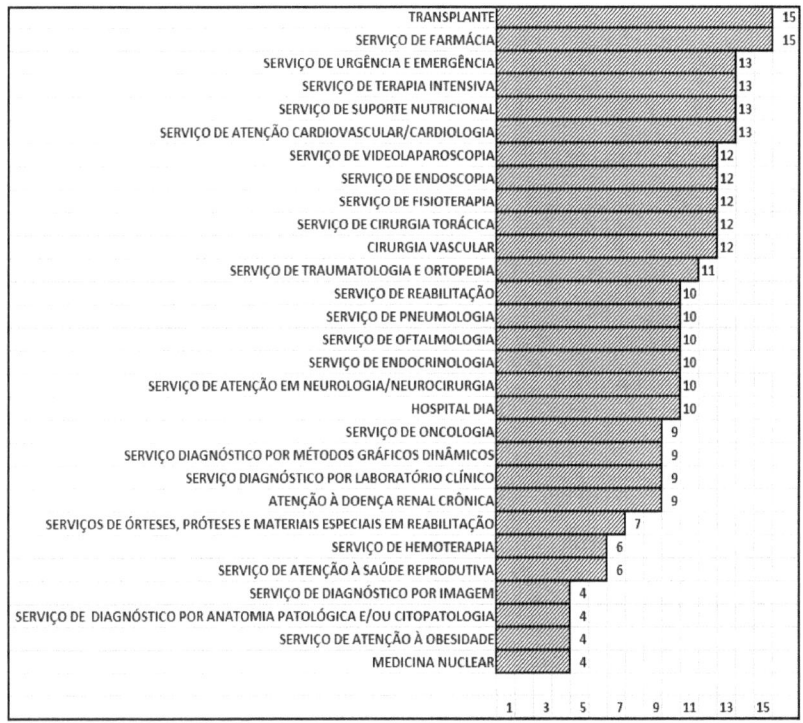

Figura 2: Serviços próprios oferecidos pelos hospitais gerais de grande porte de Belo Horizonte. Fonte: Adaptado de DATASUS, 2014 [11]

Destaca-se o fato de somente 4 destes hospitais possuírem serviços próprios de medicina nuclear, diagnóstico de obesidade, por imagem e anatomia patológica e/ou citopatologia; o que nem sempre está associado àqueles que possuem os maiores números de leitos. No entanto, quanto a serviços mais complexos que requerem o uso de muitos equipamentos ao mesmo tempo como transplantes, terapia intensiva, traumatologia e outros, estes possuem serviços próprios, o que requer manutenção e gerenciamento. Somente 6 hospitais necessitam terceirizar alguns de seus serviços como medicina nuclear (3), diagnóstico de anatomia patológica e/ou citopatologia (5), hemoterapia (2), atenção à doença crônica renal (2) e oncologia (1).

Em se tratando, especificamente, dos dados primários, todos os setores de engenharia clínica dos hospitais foram informados, no primeiro contato, do objetivo da pesquisa. Há que se considerar, no entanto, certa dificuldade, em alguns hospitais, do atendente inicial (telefonista) identificar qual setor seria o de engenharia clínica e, assim, transferir a ligação. Houve casos em que o atendente não conhecia o setor ou profissional responsável por ele, tendo que solicitar mais informações para poder transferir a chamada telefônica para um setor mais próximo.

Identificados os "profissionais alvo" e explicado o motivo do contato, o Termo de Consentimento Livre e Esclarecido (TCLE) e o questionário estruturado foram enviados diretamente para os mesmos, através do e-mail fornecido pelos próprios responsáveis pelo setor ou por seu auxiliar que, à época, atendeu o contato. Do total dos 15 hospitais enquadrados na seleção proposta, obteve-se retorno de 11 (73,3%), descritos na sequência.

Primeiramente, buscou-se conhecer o perfil do profissional que assumiu um setor importante para o correto funcionamento do hospital. Assim, questionou-se a formação deste profissional, tendo sido constatado que 45,5% (5) dos entrevistados possuem cursos de tecnólogos, enquanto 54,5% (6) possuem graduações em diferentes áreas da saúde e da engenharia. O resultado pode ser visto na Figura 3.

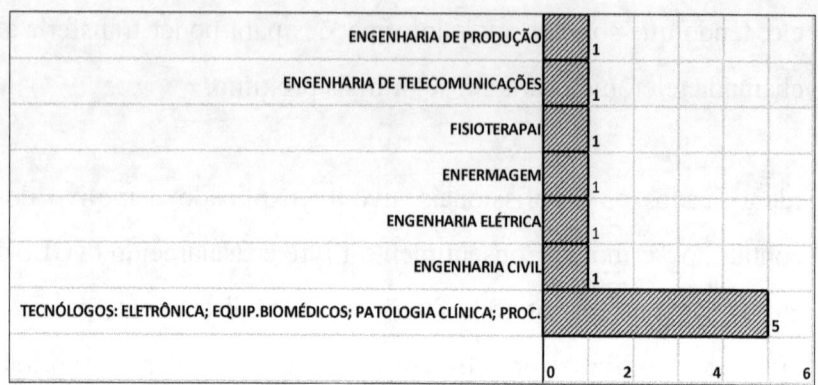

Figura 3: Formação do responsável pelo setor de engenharia clínica dos hospitais gerais de grande porte de Belo Horizonte.

De modo complementar, buscou-se informações sobre a especialização destes profissionais, pois, mesmo oriundos de áreas tão distintas, poderiam ter cursado um programa de pós-graduação que os aproximasse do setor de engenharia clínica, já que são os responsáveis por ele.

Constatou-se que 1 (9,1%) possui pós-graduação em engenharia clínica e biomédica e 4 (36,6%) estão cursando esta pós-graduação, demonstrando seu interesse em se preparar para o mercado que vem exigindo cada vez mais deste profissional. Nos demais casos (6- 54,5%) os cursos de pós-graduação são em áreas associadas à graduação original, demonstrando que estes profissionais necessitam se preparar mais para o setor que

44

assumiram de modo a melhor gerenciá-lo e torná-lo mais proativo no ambiente hospitalar, demonstrando sua real importância.

Dentre os entrevistados somente 1 (9,0%) respondeu possuir mestrado, apesar de ser na área de engenharia elétrica. Observou-se, ainda, que 8 (72,7%) dos entrevistados exerciam o cargo na área de Engenharia Clínica ou de Manutenção em Equipamentos, apesar de terem denominações diferenciadas em cada instituição, tais como: gerente de engenharia, coordenador do setor de MEB e coordenador de engenharia clínica. Nos outros 3 casos, constatou-se que o setor está sob a responsabilidade de administradores, técnicos em eletrônica e supervisores, demonstrando que estes profissionais, apesar de exercerem uma função de engenharia clínica, não possuem formação com aderência para tal e, portanto, a instituição não reconhece que o setor requer um profissional devidamente preparado e reconhecido profissionalmente para o desempenho dessas funções.

Quando questionados sobre a função descrita na carteira de trabalho, verificou-se que, nem sempre, o cargo exercido corresponde ao que está registrado neste documento, demonstrando que a função e o cargo de engenharia clínica ainda não são reconhecidos ou conhecidos profissionalmente pelas instituições, e que se confundem com a manutenção de equipamentos ou o setor de engenharia predial. Observou-se, ainda, que existem desvios de função dos profissionais, pois são contratados para uma função e exercem cargos diferentes de sua profissão. Notou-se, também, que se associando a formação, o cargo e a função, o setor de engenharia clínica mostra-se bastante confuso, haja vista diferentes profissionais com formações diversas exercendo cargos que, muitas vezes, não são compatíveis com essa formação, ou seja, não foram preparados para assumi-los e, mesmo assim, foram contratados para funções que não lhes garante o real reconhecimento. A Tabela II mostra o resultado da associação formação X cargo X função do responsável pelo setor de engenharia clínica dos hospitais gerais de grande porte de Belo Horizonte.

TABELA II – FORMAÇÃO X CARGO X FUNÇÃO DO RESPONSÁVEL PELO SETOR DE ENGENHARIA CLÍNICA DOS HOSPITAIS GERAIS DE GRANDE PORTE DE BELO HORIZONTE

FORMAÇÃO	CARGO OCUPADO NA INSTITUIÇÃO	FUNÇÃO DESCRITA NA CARTEIRA DE TRABALHO
Técnico de Equipamentos Biomédicos; Geógrafa	Surpervisora	Supervisora de Engenharia Clínica
Engenharia Elétrica	Coordenador do setor MEB	Engenheiro Eletrônico
Engenharia de Produção; Tecnólogo de Processos Gerenciais	Gerente de Engenharia Hospitalar	Gerente de Engenharia e Manutenção
Técnico em Patologia Clínica; Tecnólogo em Processos Gerenciais	Coordenador do setor MEB	Chefe do Depto de Engenharia Clínica e Equipamentos Hospitalares – Cargo Serviço Público DAI-19
Fisioterapeuta	Coordenador do setor MEB	Fisioterapeuta
Tecnólogo	Técnico em Eletrônica	Técnico em Eletrônica
Engenheiro Civil	Coordenador de Engenharia Clínica	Engenharia Civil
Enfermagem	Coordenador do setor MEB	NS/NR
Técnico em Informática	Administrativo	Administrativo
Engenharia de Telecomunicações	Coordenador do Setor MEB	Coordenador de Manutenção Biomédica
Engenharia de Produção	Coordenador do Setor MEB	Engenheiro Pleno

Comparando os dados da tabela II com as atuações estabelecidas para o profissional da engenharia biomédica, discriminados na tabela I, observa-se que, além do desvio de função, há um desconhecimento da importância da engenharia clínica enquanto profissão, tanto pelos profissionais que ocupam o cargo quanto pela instituição que os contrata, sem entender o real destaque do cargo para o bom desempenho logístico do hospital.

Questionou-se aos entrevistados sobre o nome do setor em que trabalham. Neste quesito, somente em 5 instituições hospitalares o setor recebe o nome de Engenharia Clínica, nos demais possui as seguintes denominações: Eletrônica Biomédica; Gerência de Engenharia Hospitalar; Manutenção de Equipamentos Biomédicos; Manutenção Biomédica; Manutenção.

Os entrevistados concordaram que o setor possui grande demanda no cotidiano da instituição, mas nem todos indicaram possuir o ferramental adequado para os serviços solicitados. Alguns apresentaram comentários sobre este questionamento, demonstrando a necessidade de ampliar o setor e seus recursos, conforme apresentado a seguir:

⇨ *"O equipamento existe, porém precisa melhorar."*

⇨ *"Pode melhorar a infraestrutura existente."*

⇨ *"Dependendo da complexidade e valor de equipamentos utilizados em manutenções, torna sua compra inviável. Fica mais econômico terceirizar certos tipos de serviços de manutenção."*

⇨ *"A realização de serviço técnico está sendo implantado no Hospital, há necessidade de readequação da estrutura."*

⇨ *"Não possui tudo que precisamos, mas o básico sim!"*

⇨ *"Considerando a demanda o ferramental que temos a disposição atende a mesma."*

A Figura 4 apresenta os resultados sobre a existência adequada do ferramental, ressaltando que um dos entrevistados apresentou duas respostas:

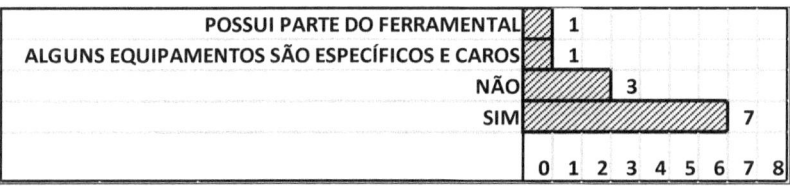

Figura 4: Ferramental adequado para a execução dos serviços do departamento de Eng. Clínica

Quando questionados sobre a realização da manutenção na falta das ferramentas necessárias, 6 (54,5%) responderam que o serviço é terceirizado, enquanto os demais disseram desconhecer o que é feito.

Com relação ao espaço físico, 6 (55,5%) dos entrevistados responderam que o local destinado ao setor não é compatível com o que é demandado, conforme apresenta a Figura 5. Para estes, o espaço deveria ser ampliado em função do parque tecnológico existente. No entanto, concordam que o espaço físico do setor não comporta o volume de equipamentos para manutenções preventivas, corretivas e calibrações.

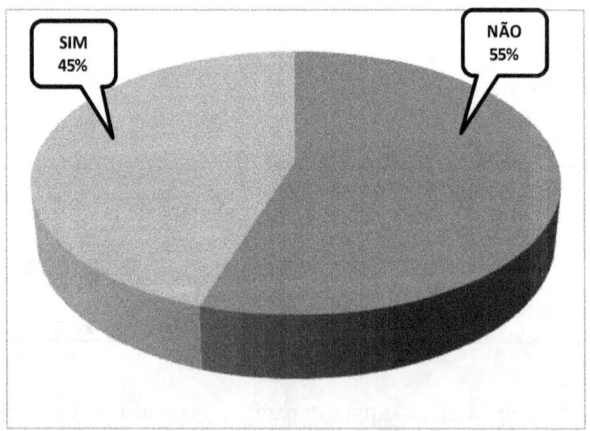

Figura 5: Compatibilidade do espaço físico do setor com a demanda

Questionados acerca do pessoal alocado no setor, constatou-se haver 137 funcionários nas 11 instituições pesquisadas que vão desde aquelas com apenas 7 até as com mais de 20 funcionários (máximo de 28). Combinando o número de funcionários por setor com o total de funcionários das instituições, constatou-se que, em todos os hospitais pesquisados, a equipe do setor de engenharia clínica perfaz menos de 1% do total dos funcionários, apesar de lidarem com um número elevado de equipamentos existentes (de 346 a 1683 equipamentos[1]).

Dessa forma, não existe média equilibrada em função do porte do hospital. Isto mostra que o setor está sobrecarregado na relação pessoal X demanda, o que pode gerar inúmeros problemas tais como a necessidade de gastos com empresas terceirizadas, demora em liberar os equipamentos em manutenção, necessidade de aquisição de novos equipamentos para suprir demandas mais emergenciais, dentre outros. A Tabela III apresenta os resultados referentes a este item do questionário estruturado, onde se percebe que a quantidade de

---

[1] Estão sendo considerados os 36 tipos de equipamentos citados pelo DATASUS e mencionados anteriormente nesta pesquisa.

equipamentos existentes no hospital por funcionários é bastante elevada, corroborando com as considerações anteriores.

TABELA III – RELAÇÃO ENTRE FUNCIONÁRIOS DO SETOR X TOTAL DE FUNCIONÁRIOS X EQUIPAMENTOS EXISTENTES NOS HOSPITAIS GERAIS DE GRANDE PORTE DE BELO HORIZONTE

FUNCIONÁRIOS DO SETOR	TOTAL DE FUNCIONÁRIOS	EQUIPAMENTOS EXISTENTES	EQUIPAMENTOS X FUNCIONÁRIOS DO SETOR (%)
7	1174	678	96,9
7	4296	346	49,4
12	2498	984	82,0
11	S/Informação	604	54,9
28	3064	1002	35,8
4	1182	394	98,5
16	S/Informação	380	23,8
8	2625	372	46,5
8	1674	513	64,1
14	S/Informação	501	35,8
22	2319	1683	76,5

Quanto ao perfil profissional dos membros das equipes, constatou-se, conforme a Tabela IV, que somente duas instituições possuem engenheiros clínicos em seu rol de funcionários ligados a este setor. No entanto, mesmo havendo estes profissionais, os mesmos não foram citados como os responsáveis pelo setor, cargo este exercido muitas vezes por técnicos ou graduados sem nenhuma aderência na área.

Pode ser observado, ainda, na Tabela IV, um predomínio de técnicos e profissionais da área de administração trabalhando no setor. Esta condição não exclui as funções desse departamento, porém deixa claro que eles, não sendo capacitados para atuar junto à engenharia clínica, pouco podem contribuir para a melhoria do setor.

TABELA IV – PERFIL PROFISSIONAL DA EQUIPE

PERFIL PROFISSIONAL DA EQUIPE
Técnico eletromecânico
Técnico em automação
Técnico em eletrônica
Técnico em eletrônica em equipamentos biomédicos
Técnico em equipamentos médico; coordenador técnico
Técnico
Técnico de Informática
Técnicos de manutenção nível médio
Técnicos em enfermagem
Engenheiro mecânico
Engenharia Eletrônica
Engenheiros
Engenheiro Clínico
Engenheiro de Produção com especialização em Engenharia Clínica
Especialista em Fisioterapia respiratória e de produtos
Fisioterapeuta especialista em gestão
Supervisor de Engenharia
Auxiliar de enfermagem, com formação em administração
Auxiliar administrativo
Enfermeiros
Administração
Estágio nível técnico

Buscando saber um pouco mais sobre o setor de engenharia clínica nos estabelecimentos de saúde da presente pesquisa, questionou-se, se no último ano, os funcionários participaram de cursos de capacitação, de qualquer natureza. Em 5 (45,5%) dos hospitais, os entrevistados responderam que houve treinamentos nas áreas de: gestão da qualidade e implantação de software de Engenharia Clínica; treinamentos internos sobre Procedimento Operacional Padrão (POP); capacitação interna sobre equipamentos da instituição; treinamento em autoclaves, termos e equipamentos em geral da Central de Material Esterilizado (CME); treinamento água de hemodiálise; sistema de qualidade; capacitação para metas internacionais de auditoria; NR10; documentos da qualidade; treinamentos técnicos. Nos demais hospitais (6), todos pertencentes à esfera pública, os entrevistados informaram não ter ocorrido qualquer tipo de capacitação.

Mesmo não tendo uma quantidade ideal de funcionários e possuindo elevada demanda quanto aos equipamentos, estes setores vêm incorporando novas funções. Os entrevistados foram unânimes em indicar, conforme mostrado na Figura 6, a incorporação dos contratos de manutenção externa de equipamentos (100%), seguido da manutenção interna (90,9%), aquisição de equipamentos (81,8%) e calibração (63,6%). Destacam-se outras funções que foram agregadas ao setor, tais como laudos para baixa de equipamentos e treinamentos. No entanto, ao se verificar as funções da engenharia clínica listadas na Tabela 1, observar-se-á que a quase totalidade destas funções agregadas não foi mencionada como atividades exercidas ou incorporadas ao setor.

Figura 6: Tipos de serviço incorporados ao setor.

Além do quadro de funcionários, buscou-se informações sobre a existência de carências no setor. Deste modo, os entrevistados puderam apresentar as falhas mais relevantes existentes. A Figura 7 apresenta os principais resultados obtidos. Destacam-se três carências comuns a quase todos os setores: capacitação da equipe (54,5%), espaço físico adequado (72,7%) e equipamentos adequados para a manutenção interna a que estão aptos a realizar (63,6%).

A etapa final dos questionamentos foi coroada com as opiniões dos entrevistados sobre o reconhecimento da importância da Engenharia Clínica para o hospital. Conforme pode ser visto na Figura 8, ainda predominam aqueles que entendem não haver ou haver parcialmente um reconhecimento, sendo comprovado através da resposta de um dos entrevistados: *"Existe o reconhecimento por parte de alguns, mas existem aqueles que desconhecem o trabalho feito pela Engenharia Clínica e não dão o reconhecimento adequado ao setor e a importância que ele tem para com o Hospital"*.

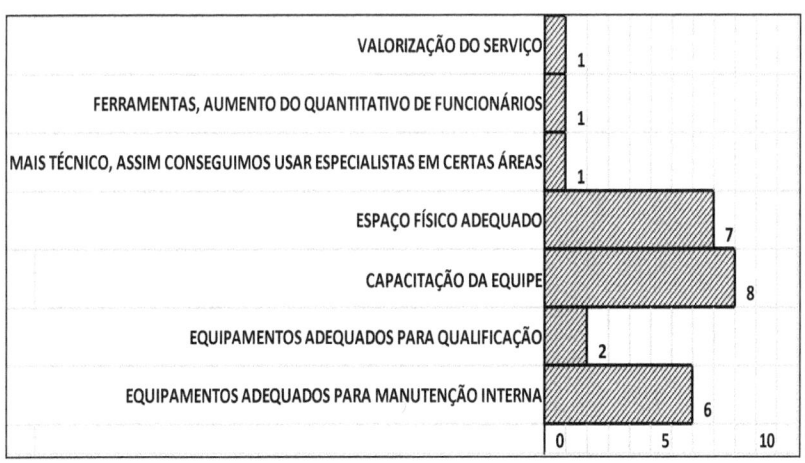

Figura 7 - Carência do setor frente ao desemprenho da Engenharia Clínica

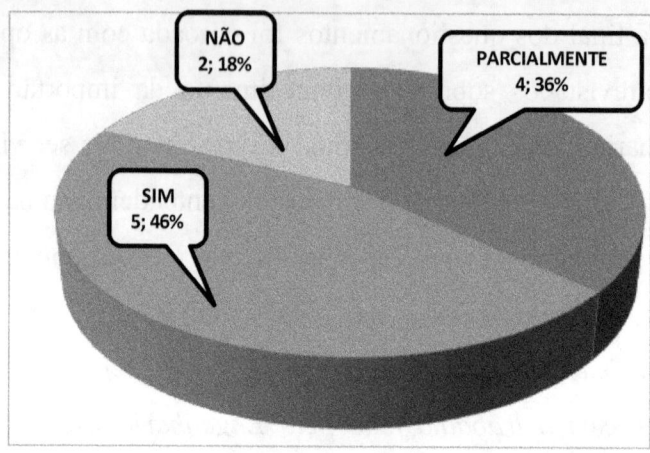

Figura 8 - Reconhecimento da importância da Eng. Clínica para o hospital

Cabe ressaltar ainda, que para um dos entrevistados, a falta de um profissional da área traz insegurança para o setor:

⇨ *"Mas como estamos sem Engenheiro Clínico há 1 ano e 2 meses, muitas vezes temos dificuldade de agilizar processos de manutenção, por insegurança do Engenheiro Responsável pela manutenção em autorizar serviços e contratos, imprescindíveis para o Hospital"*

CONCLUSÕES

A Engenharia clínica ainda é uma profissão que necessita se posicionar no mercado de trabalho, mostrando sua real importância e desfazendo a ideia de que este setor pode ser conduzido por qualquer outro profissional. Em Belo Horizonte, nos hospitais gerais de grande porte, onde há um número elevado de atendimentos e intervenções variadas, a engenharia clínica possui elevada importância, mas ainda não está sendo devidamente reconhecida. Talvez seja por falta de conhecimento de seus gestores e funcionários, ou mesmo por falta de opção (contratação, recursos, dentre outros).

Independentemente de o hospital ser público, fundação ou particular, há um predomínio de profissionais fora da área da engenharia clínica e com formações diversificadas em áreas da saúde, administração, engenharia e tecnólogos. Tal situação mostra um setor desorganizado frente à sua área.

Nos hospitais da rede particular e fundações há uma busca por adequação, haja vista que seus profissionais têm buscado a qualificação da engenharia clínica sob a forma de cursos de pós-graduação, atendendo a uma demanda de mercado. Já na rede pública, esta busca é muito mais do indivíduo em se preparar para melhorar o setor, do que uma exigência do mercado, já que os concursos públicos garantem a estabilidade empregatícia. Porém, ainda há muito para se alcançar, pois existem inúmeros hospitais a serem adequados e que necessitam do apoio da engenharia clínica para se manter em funcionamento.

O estudo, ora elaborado, mostra que os hospitais gerais de grande porte de Belo Horizonte, apesar de terem um setor denominado (por eles) de Engenharia Clínica, não (re) conhecem sua verdadeira importância para a instituição, tendo em vista haver carência de profissionais, de espaço, de capacitação, dentre outros; além de excesso de demanda. Constatou-se que o não (re) conhecimento pode estar associado ao desconhecimento das funções da engenharia clínica e de suas atribuições perante a instituição.

Há que se considerar, entretanto, que os deveres e responsabilidades dos profissionais de engenharia clínica são extremamente diversificados, envolvendo a harmonia de funções, abaixo relacionadas e discriminadas:

- **Gerenciamento de tecnologia**: desenvolver, implementar e direcionar programas de gerenciamento de equipamentos. As tarefas específicas incluem aceitação e instalação de novos equipamentos, estabelecendo manutenção preventiva e programas de reparo e gerenciamento do inventário de instrumentação médica;

- **Gerenciamento de risco:** Avaliar e tomar medidas adequadas sobre incidentes atribuídos aos equipamentos, avarias ou mau uso;

- **Avaliação de tecnologia:** avaliação e seleção de novos equipamentos, além de projeto de instalações e gerenciamento de projetos: auxiliando no desenho de instalações clínicas novas ou reformadas com tecnologias médicas específicas;

- **Treinamento:** Estabelecer e entregar módulos de instrução para equipe de engenharia clínica, bem a operação de equipamentos médicos.

Em um futuro próximo, prevê-se que os departamentos de engenharia clínica irão prestar assistência na aplicação e gerenciamento de muitas outras tecnologias que darão o suporte ao atendimento ao paciente, incluindo o desenvolvimento de instrumentação virtual, telecomunicações e instalações de cirurgias.

Com base no exposto, acredita-se que a engenharia clínica terá, em curto espaço de tempo, um grande aumento de demanda, baseando-se na ideia de que a combinação entre saúde e engenharia propiciará a formação de profissionais responsáveis por verificar a conformidade de um hospital com regras e regulamentos aprovados em relação a prestação de cuidados de saúde, avaliação e pesquisa, envolvendo segurança, eficiência e custo-efetividade, bem como a consideração dos efeitos sociais, legais e éticos, da tecnologia médica.

REFERÊNCIAS

[1] Souza DB; Milagre ST; Soares AB. Avaliação econômica da implantação de um serviço de Engenharia Clínica em hospital público brasileiro. *Rev. Bras. Eng. Biomédica*. Rio de Janeiro, 2012, 28(4):327-336.

[2] Ramírez, EFF; Calil, S.J. Engenharia Clínica: Parte I Origens. (1942-1996). *Semina: Ci. Exatas/Tecnológicas*. Londrina, v.21, v.4, p.27-33, dez.2000.

[3] Shaffer MD; Shaffer MJ. Clinical engineering participation in hospital technology assessment. *Biomedical Instrumentation & Technology*, julho/agosto 1991.

[4] ANVISA - Segunda parte engenharia clínica cap. 4 - A engenharia clínica como estratégia na gestão hospitalar. Disponível em http://portal.anvisa.gov.br/wps/wcm/connect/7da 7c88047458e619768d73fbc4c6735/capitulo4.pdf?MOD=AJPE> Acesso em 12/02/2016.

[5] Gomes LCN; Dalcol PRT. Gerência de equipamentos médicos como uma inovação tecnológica gerencial, Associação Brasileira de Engenharia de Produção 2001. Disponível em http://www.abepro.org.br/biblioteca/ ENEGEP2001_TR81_0758.pdf. Acesso em: 12/03/2016.

[6] Gordon JG. Hospital Technology management: the tao of clinical engineering. *Journal of Clinical Engineering*, 1990, 15 (2):111-117.

[7] Costa T; Adeodato S; Beccari A. Máquinas perigosas. *Globo Ciência*, 1995, 52:48-53.

[8] ABNT – Associação Brasileira de Normas Técnicas. NBR IEC 601-1 Equipamento eletro-médico. Parte 1 – prescrições gerais para segurança. Rio de Janeiro, 1994.149P.

[9] Wang B, Calil SJ. Clinical engineering in Brazil: current status. *Journal of Clinical Engineering*.1991, 16(2): 129-135.

[10] Rufca JN. Contribuição à Implantação de Departamentos de Engenharia Clínica em Instituições de Saúde. Dissertação de

mestrado. São Paulo: Universidade de São Paulo, dezembro/1996.

[11] DATASUS. Hospitais gerais de grande porte de Belo Horizonte, 2014. Disponível em <http://cnes2.datasus.gov.br/ Mod_Bas_Atendimento.asp?VCo_Unidade=3106202200457> Acesso em 12/01/2016.

[12] Ceolim MF; Costa TF. A enfermagem nos cuidados paliativos à criança e adolescente com câncer: revisão integrativa da literatura *Rev. Gaúcha Enferm.* (Online) vol.31 no.4 Porto Alegre. Dec. 2010.

[13] MINISTÉRIO DA SAÚDE. Conceitos e definições em saúde. Brasília: Ministério da Saúde, 1977, Disponível em <http://bvsms.saude.gov.br/bvs/publicacoes/0117conceitos.pdf > Acesso em 12/01/2016.

[14] Cherubin NA, Santos NA. Administração hospitalar: fundamentos. São Paulo: Cedas, 1997.

[15] Gonçalves E. (coord.) O hospital e a visão administrativa contemporânea. São Paulo: Pioneira, 1983.

Capítulo 2

Próteses: Evolução e Inovação

Anderson Antônio Horta
Davi Neiva Alves
Joana Pimenta Maia
Mariana Rodrigues Carvalho De Aquino
Mariana Ribeiro Volpini Lana

EVOLUÇÃO DE CONTEXTO HISTÓRICO

Historicamente, os atendimentos e as intervenções clínicas têm sido guiados por um modelo médico que define saúde como a ausência de doenças. Neste modelo, apenas o caráter físico do indivíduo era considerado e para algumas patologias os sinais e sintomas também eram abordados [1, 2]. No entanto, com a inquietação do homem por saber mais sobre as consequências das doenças, tornou-se necessário o surgimento de outros modelos de saúde que refletiam um novo paradigma, definindo saúde como um termo mais abrangente, assumindo que fatores sociais, psicológicos e ambientais também contribuem para a saúde e para a qualidade de vida do indivíduo [3, 4].

Em 1976 a Organização Mundial de Saúde (OMS) publicou a *International Classification of Impairment, Disabilities and Handicaps* (ICIDH), ou Classificação Internacional das Deficiências, Incapacidades e Desvantagens (handicaps), a CIDID, que descreve as condições decorrentes da doença como uma sequência linear conforme mostra a figura 1:

Doença ⇒ Deficiência ⇒ Incapacidade ⇒ Desvantagem

Figura 1 - Doença como uma sequência linear
Fonte: Adaptado de Mângia et al.[5]

Contudo, limitações como, por exemplo, a falta de relação entre as dimensões que compõe a doença e a não abordagem dos aspectos sociais e ambientais por ela causados, fizeram com que fosse desenvolvido outro modelo de saúde. Em 2001, a Assembleia Mundial da Saúde aprovou a *International Classification of Functioning, Disability and Health (ICF)*, ou

Classificação Internacional de Funcionalidade, Incapacidade e Saúde (CIF) [6]. A CIF é baseada em uma abordagem biopsicossocial, que se destaca do modelo biomédico por incorporar três dimensões (biomédica, psicológica e social) que interagem entre si, como mostra a figura 2 [7]:

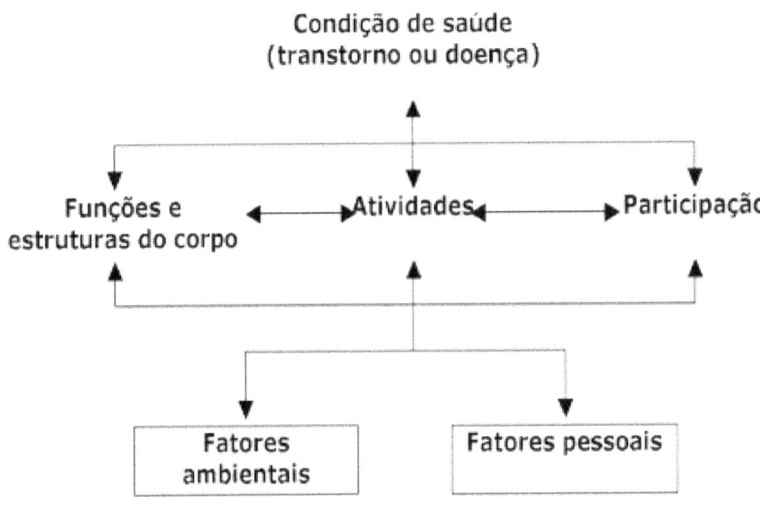

Figura 2 - Interação entre os componentes da CIF
Fonte: Adaptado de OMS [4].

Assim sendo, devido a análise multidimensional da CIF, a avaliação e intervenção de uma pessoa que necessita substituir parte de seu corpo, é mais do que somente observar com o que substituir, é também enxergar este o indivíduo como um todo na sociedade. Entendendo o atual modelo, visualiza-se melhor as preocupações e os cuidados que devem ser tomados com o paciente que precisa ser protetizado.

A estrutura e a terminologia da CIF tornou-se padrão para as diferentes áreas da saúde e da reabilitação, ganhando também reconhecimento crescente no campo das próteses e órteses [8].

Próteses são dispositivos permanentes ou transitórios que substituem total ou parcialmente um membro ou outras estruturas. Podendo ser implantáveis (demandam intervenção cirúrgica), e não implantáveis (sem intervenção cirúrgica para implantação ou introdução no corpo humano) [9]. Alguns exemplos são próteses dentárias, capilares e ortopédicas. Neste capítulo vamos nos concentrar somente nas próteses ortopédicas, sendo de membro inferiores e superiores.

O desenvolvimento de próteses parte da necessidade de um maior bem estar biopsicosocial de indivíduos que de alguma forma não possuem uma parte ou o todo dos membros. A perda dessas estruturas podem ser por causas congênitas, ou por amputações. A amputação é um dos mais antigos procedimentos cirúrgicos [10]. O termo designa retirada de um membro bem como parte dele, que se encontra comprometido biologicamente ou fisiologicamente [11]. Dentre as diversas causas de amputações, as mais comuns ocorrem nos membros inferiores sendo causadas por diabetes, doenças vasculares, tumores e traumas. O uso de órtese e prótese para casos assim, é indicado, tornando uma principal fonte de readaptação corporal ao meio social além criar uma nova imagem corporal para o indivíduo [10].

As próteses de membros inferiores e superiores existem desde a antiguidade, possivelmente, desde a pré-história como ilustra a figura 3. A primeira descrição do uso de uma prótese foi feita pelo historiador grego Herótodo (484-425 a.C.). Ele relata o caso de um prisioneiro que foi acorrentado pelo tornozelo e para fugir da prisão, tinha como única opção cortar o próprio pé. Após tal feito e passado o tempo de cicatrização dos ferimentos, constrói uma bota de madeira que o permitia voltar a lutar contra seus inimigos[12, 13].

Figura 3 - Utilização da madeira como forma de substituir o membro faltoso
Fonte: http://birkbecklibrary.blogspot.com.br/2015/07/word-to-wise_31.html
[14]

As primeiras confecções de próteses apontadas historicamente foram produzidas com madeira, couro e cobre, passando depois por aço e alumínio. Após a segunda Guerra Mundial, a prótese teve um grande avanço tecnológico tanto da técnica de fabricação quanto dos materiais utilizados, devido ao enorme contingente de amputados [15].

O que começou com um pedaço de pau como uma muleta modificada ou uma porção de madeira ou couro para simular um membro, progrediu através de muitas metamorfoses e se tornou dispositivos auxiliares de marcha e próteses altamente sofisticadas fabricadas com materiais da era espacial [16].

Com os avanços tecnológicos na medicina de reabilitação e a valorização dos benefícios da prática esportiva, a população de atletas com deficiências vem crescendo. A participação na atividade física de pessoas amputadas mostrou uma relação positiva com a melhoria da imagem corporal desses indivíduos[17].

A partir da inserção desses indivíduos nos esportes, a demanda por designs inovadores de próteses desafia à perícia clínica e técnica do médico e do protesista, uma vez que a prótese deve considerar as necessidades físicas, as preferências do indivíduo e a adequação à modalidade esportiva escolhida [16, 17].

O âmbito esportivo é um exemplo de setor onde próteses produzidas atingiram os objetivos projetuais desejados inicialmente, mais especificamente em competições esportivas de alta performance para amputados, tal como as paraolimpíadas. A prova dos 100 metros rasos, símbolo de eficiência e precisão no esporte, se destacou entre as demais por ter como tempo final dos atletas, números muito próximos aos conquistados por atletas das olimpíadas, sem qualquer deficiência [18].

CONTEXTO CLÍNICO

Pacientes amputados e/ou com potencial para protetização devem passar por um processo de reabilitação. A reabilitação desses indivíduos deve contar com uma equipe multiprofissional composta, por médicos, enfermeiros, fisioterapeutas, terapeutas ocupacionais, psicólogos, dentre outros. A interdisciplinaridade no projeto terapêutico desses pacientes é importante para garantir atenção integral e evitar condutas conflituosas. O objetivo da reabilitação é proporcionar à pessoa os meios de integrar ou reintegrar-se ao meio ambiente físico, cultural, familiar e social, incluindo o trabalho [9].

As próteses ortopédicas abrangem os membros superiores e inferiores como um todo, em todos os níveis de amputação, podendo ser passivas/estéticas, mecânicas, híbridas ou mioelétricas [9]. O processo de medição do coto continua sendo feito de forma artesanal e arcaica. O encaixe ou soquete, peça onde se tem o encaixe do coto conectando o corpo com ao equipamento, varia de acordo com o tipo de amputação ou desarticulação.

Hoje esses equipamentos são confeccionados manualmente a partir de medições antropométricas feitas do coto do indivíduo, logo após, é realizado um molde de gesso do membro que servirá de base para produzir o cartucho personalizado que será efetivamente utilizado. Materiais como fibra de carbono, fibra de vidro, duralumínio, resina acrílica são utilizados nesse processo [11]. Sua fabricação se dá de forma individualizada levando em conta as necessidades específicas do indivíduo. Mas, mesmo sendo confeccionadas de forma individualizada, as próteses apresentam uma estética padrão e pouco personalizada [19].

A fim de permitir a essas pessoas maior funcionalidade e participação e, para aquelas que desejarem, um estilo de vida ativo, há uma necessidade de desenvolvimento de dispositivo de baixo custo, mais funcionais e com estética mais agradável [20].

QUEBRA DE PARADIGMA

O corpo humano em seu caráter orgânico pode ser definido como uma estrutura física composta por sistemas, músculos, órgãos que funcionam de forma harmônica mantendo o ser humano vivo. Mas para, além disso, hoje o corpo pode ser vivido também como uma realidade simbólica. Provido da interação de sua matéria genética com o ambiente sociocultural, o corpo envolve percepções e representações individuais e também coletivas que contribuem para a formação do corpo imaginário. Nesse aspecto, o corpo torna-se o local onde são representados os traços culturais de uma sociedade como crenças, valores, hábitos dentre outros[21].

Nas sociedades atuais o corpo torna-se um objeto que estima grande valor representativo, pois por meio dele são realizados os contatos primários entre indivíduo e o ambiente social. Utilizando de sua imagem externa, o corpo se torna um mediador do lugar social onde o indivíduo está inserido além de mediar o conhecimento de si e do outro a partir das relações sociais [22].

A aparência corporal além de carregar a herança biológica do indivíduo, carrega consigo também os significados que se fazem importantes dentro de uma cultura a respeito de determinados valores e conceitos [23, 24]. Pensando a partir desse sentido, algumas marcas corporais podem significar sinais como de beleza, saúde e perfeição, enquanto outras podem carregam consigo estigmas como estranheza, doença, incapacidade ou deficiência [25, 26].

Em uma sociedade cercada de pré-julgamentos a respeito da imagem corporal de um indivíduo, as alterações corporais podem influenciar diretamente nas concepções feitas pelos indivíduos, podendo levar a criação de novas definições a respeito de sua identidade. Marcadas pela falta de um membro ou parte de um segmento corporal, as pessoas amputadas trazem em seus corpos sinais que as identificam como sendo diferentes e não raras vezes, sendo identificadas também como seres imperfeitos e incapazes[27].

Os indivíduos amputados apresentam seus corpos marcados pela perda de um membro ou parte dele em seus corpos, sendo corriqueiramente associados à estereótipos que, muitas vezes, conotam o estranho, a incapacidade e a deficiência, valores estes, que não condizem com a realidade desses indivíduos. Nesse contexto, a tecnologia se torna aliada à saúde na tentativa de promover uma mudança a respeito do corpo perfeito, apresentando um corpo novo e modificado, o corpo protético.

O corpo híbrido; *cyborgue*, já é uma realidade atual sendo parte orgânico, parte mecânico que não só apenas representa uma reconstituição da forma física de uma parte do corpo, mas também que restabelece a relação entre o indivíduo consigo mesmo e sociedade [28, 29]. Atualmente, apesar de serem confeccionadas de forma individualizada, as próteses ainda não são feitas de uma maneira personalizada, não se adequando assim ao estilo de vida do indivíduo. Isso poderá provocar o abandono do uso do equipamento, uma vez que, fatores como a estética poderão trazer descontentamento e frustração [30].

Levando em consideração a funcionalidade desses equipamentos e as expectativas dos usuários, as próteses se fazem necessárias não somente por que são essenciais no processo de reabilitação, mas também por favorecerem a (re) inserção e aceitação social dos indivíduos amputados, uma vez que esses equipamentos podem ser entendidos como uma extensão tecnológica do corpo e carregam consigo significados e expectativas pessoais [31].

O estúdio canadense ALELLES DESIGN, cria capas de próteses para posterior comercialização. A empresa destaca-se pela grande variedade de projetos, sendo alguns deles personalizados seguindo o gosto do cliente, comercializando-os em tamanhos já pré-estabelecidos e seguindo modelos de próteses comerciais e seus respectivos encaixes [32].

Ao contrário do que ocorre com produtos ortopédicos com perfil hospitalar, as capas de próteses ficam expostas em paredes no local, e em pedestais em alguns eventos, de forma a vangloriar os produtos, como é mostrado na figura 4.

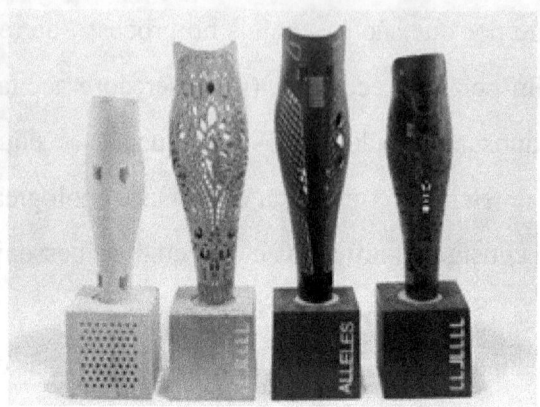

Figura 4 - Próteses do estúdio ALELLES DESIGN
Fonte: www.instagram.com/alleles [33]

O arquiteto italiano Ernesto Nathan Rogers, em um artigo para a revista Domus, em 1946, afirma que ao observarmos atentamente uma colher, podemos entender parte da sociedade que seria construída por aqueles que a projetaram [34]. Se traçarmos um paralelo do que foi citado por Ernesto, com a nova abordagem para design de próteses, abre-se um leque de novas possibilidades para análise das intenções projetuais por parte dos designers, além de uma possível compreensão do que é desejado pelos pacientes amputados, uma vez que algumas capas, ou mesmo próteses, são confeccionadas tendo sua estética personalizada de acordo com as preferências do usuário. Nas figuras 5 e 6 temos uma comparação de reação de pacientes antes e depois da quebra de paradigmas projetual em próteses.

Figura 5: reação de pacientes antes da quebra de paradigmas projetual em próteses.
Fonte: www.br.pinterest.com/pi /283093526556262207 [35]

Figura 6: reação de pacientes após a quebra de paradigmas projetual em próteses.
Fonte: www.instagram.com/alleles [36]

Sabe-se que a CIF é composta por duas partes, Parte 1: Funcionalidade e Incapacidade e Parte 2: Fatores Contextuais. Dentre os fatores contextuais encontram-se os Fatores Pessoais. Os fatores pessoais são o histórico particular da vida e do estilo de vida de um indivíduo e englobam as características do indivíduo que não são parte de um a condição de saúde ou de um estado de saúde como, por exemplo, condição física, estilo de vida, diferentes maneiras de enfrentar problemas, padrão geral de comportamento, características psicológicas individuais e outras características, todas ou algumas das quais podem desempenhar um papel na incapacidade em qualquer nível. Os fatores pessoais não são classificados na CIF, no entanto, eles podem influenciar os resultados das várias intervenções [37].

REFERÊNCIAS

[1] Sahrmann SA. Diagnosis by the physical therapist-a prerequisite for treatment. A special communication. *Phys Ther* 1988; 68(11): 1703-6.

[2] Sampaio RF, Mancini MC, Fonseca ST. Produção científica e atuação profissional: aspectos que limitam essa integração na fisioterapia e na terapia ocupacional. *Rev Bras Fisioterapia* 2002; 6(3): 113-118.

[3] Organização Mundial de Saúde. International classification of impairments, disabilities and handicaps: a manual of classification relating to the consequences of disease. In: *Saúde OMD*. Genebra; 1980.

[4] Organização Mundial de Saúde (OMS) / Organização Panamericana de Saúde (OPAS). CIF classificação internacional de funcionalidade, incapacidade e saúde. Universidade de São Paulo; 2003.

[5] Mângia EF, Muramoto MT, Lancman S. Classificação Internacional de Funcionalidade e Incapacidade e Saúde (CIF): processo de elaboração e debate sobre a questão da

incapacidade. *Revista de Terapia Ocupacional da Universidade de São Paulo.* 2008 Aug 1;19(2):121-30.

[6] WHO, World Health Organization. International Classification of functioning, disability and health: ICF. *World Health Organization*; 2001.

[7] Farias N, Buchalla CM. The international classification of functioning, disability and health: concepts, uses and perspectives. *Revista Brasileira de Epidemiologia.* 2005 Jun;8(2):187-93.

[8] Jarl G, Ramstrand N. A model to facilitate implementation of the International Classification of Functioning, Disability and Health into prosthetics and orthotics. *Prosthetics and orthotics international.* 2017 Sep 1:0309364617729925.

[9] Instituto Nacional do Seguro Social. Manual técnico de procedimentos da área de reabilitação profissional - *Diretrizes para concessão, no âmbito da reabilitação profissional, de órteses, próteses ortopédicas não implantáveis, meios auxiliares de locomoção e acessórios.* Volume II. 2015.

[10] Kelly BM; Spires MC, Restrepo, J A. Orthotic and prosthetic prescriptions for today and tomorrow. *Physical Medicine and Rehabilitation Clinics of North America*, v 18, n. 4, p. 785-858. 2007.

[11] Melo JB. "O corpo que habito": Possibilidades de compreensão para a experiência do corpo amputado. 2015. Dissertação (Mestrado em Psicologia clínica) – Universidade Católica de Pernambuco, Recife. 2015.

[12] Regis A. *A história da Ortopedia em Goiás*. Goiás: Contato Comunicação, 2006.

[13] Queiroz WF. Desenvolvimento de métodos construtivos e de novos materiais empregados na confecção de cartuchos de próteses de membros inferiores. 2008. Tese de Doutorado (Doutorado em Tecnologia de Materiais; Projetos Mecânicos; Termociências) - Universidade Federal do Rio Grande do Norte, Natal.

[14] http://birkbecklibrary.blogspot.com.br/2015/07/word-to-wise_31.html

[15] Laferrier JZ, Gailey R. Advances in lower-limb prosthetic technology. *Physical medicine and rehabilitation clinics of North America.* 2010 Feb 28; 21(1):87-110.

[16] Thurston AJ. Paré and prosthetics: the early history of artificial limbs. *ANZ journal of surgery.* 2007 Dec 1. 77(12):1114-9.

[17] De Luigi AJ, Cooper RA. Adaptive sports technology and biomechanics: prosthetics. *PM&R.* 2014 Aug 1;6(8):S40-57.

[18] www.theguardian.com/sport/2016/sep/08/can-disabled-athletes-outcompete-able-bodied-athletes.

[19] Vilagra JM; Sganzerla CM; Walcker LP. Próteses transtibiais: itens de conforto e segurança. *Revista Thêma et Scientia–*Vol, v. 1, n. 2, p. 107, 2011.

[20] Tiele A, Soni-Sadar S, Rowbottom J, Patel S, Mathewson E, Pearson S, Hutchins D, Head J, Hutchins S. Design and development of a novel upper-limb cycling prosthesis. *Bioengineering*. 2017 Nov 16;4(4):89.

[21] Justo, AM. Corpo e representações sociais: sobrepeso, obesidade e práticas de controle de peso. 2016. 249p. Tese (Doutorado em Psicologia) – Universidade Federal de Santa Catarina. 2016.

[22] Jodelet, D. Le corps, la persone et autrui. In S. Moscovici (Org.), Psychologie sociale des relations à autrui (pp. 41-68). Paris: Nathan. 1994.

[23] Sant'anna DB. Corpos de passagem: ensaios sobre a subjetividade contemporânea. São Paulo: Estação Liberdade, 2001.

[24] Camargo BV et al. Representações sociais do corpo: estética e saúde. *Temas em Psicologia*, v. 19, n. 1, p. 257-268, 2011.

[25] Tucherman I. Breve história do corpo e de seus monstros. Lisboa: Passagens, 1999.

[26] Sfez L. A saúde perfeita: crítica de uma nova utopia. São Paulo: Edições Loyola, 1996.

[27] Le Breton D. Adeus ao corpo. Papirus Editora, 2007.

[28] Santaella, L. Corpo e comunicação: sintoma da cultura. 3ed. São Paulo: Paulus, 2004.

[29] Santaella L. Figurações do corpo biológico ao virtual. *Revista Interin*, v.4, n. 2, 2012.

[30] Mckee PR, Rivard A. Biopsychosocial approach to orthotic intervention. *Journal of Hand Therapy*. 2011 Jun 30;24(2):155-63.

[31] Matos, DF et al. Design de Dispositivos Médicos: Contributo do Design para o Desenvolvimento de uma Prótese Externa de um Membro Inferior. *e-Revista LOGO*, v. 4, n. 1, p. 73-90, 2015.

[32] www.alleles.ca

[33] www.instagram.com/alleles

[34] Sudjic, D. A linguagem das coisas. Rio de Janeiro: Intrínseca, 2010.

[35] www.br.pinterest.com/pin /283093526556262207

[36]www.instagram.com/alleles

[37] CIF: Classificação Internacional de Funcionalidade, Incapacidade e Saúde/ [Centro Colaborador da Organização Mundial de Saúde para a família de classificações internacionais, ORG.; coordenação da tradução Cássia Maria Buchalla]. São Paulo: Editora da Universidade de São Paulo, 2003.

Capítulo 3

Controle da Qualidade em Imagens Radiológicas Digitais e Analógicas

Adriana Borges Teixeira
Kássio André Lacerda

INTRODUÇÃO

A implantação dos programas de controle de qualidade no processo de geração da imagem radiológica em clínicas e hospitais é fundamental para o controle da dose de radiação e para a produção de imagens de qualidade, além de evitar a repetição de exames e o falso diagnóstico. A Organização Mundial da Saúde (OMS) define garantia de qualidade em radiologia diagnóstica como sendo "um esforço organizado da direção do departamento no sentido de garantir que sejam produzidas imagens suficientes para fornecer um diagnóstico adequado com a menor dose para o paciente". Em outras palavras, atingir o equilíbrio entre dose e qualidade da imagem, conforme previsto no princípio ALARA (*As Low as Reasonable Achievable*) [1].

Os estudos voltados para os riscos associados à radiação ionizantes são concentrados nos efeitos devido à exposição e também contemplam os erros em radiodiagnósticos. Pesquisas realizadas no Brasil em 2003, sobre as doses radiação em pacientes mostraram que os serviços de radiodiagnósticos administram doses elevadas, inclusive em crianças, devido à utilização inadequada de técnicas e equipamentos [1].

O gerenciamento correto do setor poderia melhorar o desempenho dos serviços de radiologia. Porém, as técnicas de gestão hospitalar ainda não são muito utilizadas no Brasil, onde é possível encontrar problemas como: congestionamento de pacientes, atrasos de médicos e pacientes, falta de humanização dos profissionais, desconhecimento da legislação brasileira sobre o radiodiagnóstico, erros em diagnósticos, entre outros. A falta de formação continuada na forma de treinamento e capacitação dos profissionais que trabalham nos serviços de radiologia contribui para a série de problemas do setor [2].

Em termos legais a preocupação com a proteção radiológica no Brasil surgiu na forma de um documento oficial em 1978 com as Diretrizes da Segurança e Medicina do Trabalho, determinadas pela portaria 3.214/78 [3]. Em 1998 foi publicada a portaria MS453/98 [4] que foi aprimorada por meio de resoluções normativas, tal como a Resolução Normativa no 001/DVIS/SES/2012 [5]. Outras resoluções foram emitidas pelo Conselho Nacional de Técnicas Radiológicas (CONTER), a resolução CONTER/2002 [6] e a resolução CONTER/2011 [7], completando a portaria 453/98 [4]. Em 2005 o Ministério do Trabalho e Emprego aprovou a Norma Regulamentadora (NR) N 32 [8], mencionando em um dos itens as radiações ionizantes e estabelecendo a obrigatoriedade do empregador em observar as disposições estabelecidas pela Comissão Nacional de Energia Nuclear (CNEN) que apresenta através das normas NN 3.01 [9], NN 3.02 [10], NN 3.05 [11] e NN 7.01 [12] diretrizes para proteção radiológica.

Contudo, os programas de controle de qualidade iniciaram no Brasil na década de 70 no departamento de física da Universidade Federal de Ribeirão Preto, realizando testes de controle de qualidade em equipamentos e formação de profissionais especializados em desenvolver mais técnicas de avaliação [13]. Alguns anos depois, testes para analisar o desempenho dos equipamentos de radiologia e índice de rejeição de imagens radiológicas foram realizados no Hospital Universitário da USP pelo Instituto de Eletrotécnica e Energia da USP (IEE/USP), entre os anos 1989 e 1990 [13]. Após os resultados obtidos pelo IEE/USP, foi publicada a Resolução Estadual 625/94 [14], esta resolução apresentava uma rotina de testes e procedimentos a serem implantados em clínicas e hospitais que lidam com fontes de radiação ionizante em todo estado de São Paulo. Após os resultados obtidos, foi publicada a portaria MS 453/98 [4] que regulamenta o controle de qualidade em todo país para serviços de radiodiagnósticos analógicos e, mencionando de forma breve, a tomografia computadorizada [13].

Com a portaria, houve a possibilidade de um controle da dose recebida pelo paciente e pela equipe que trabalha com os equipamentos de radiodiagnóstico, pois foram estabelecidos testes de calibração e levantamentos radiométricos, além disso, os ambientes ficaram mais controlados devido à exigência dos cálculos de blindagem. A portaria MS 453/98 [4] realiza a normatização de parâmetros de proteção radiológica a ser seguida pelos estabelecimentos de saúde, a construção de roteiros de inspeção utilizados pela vigilância sanitária, o estabelecimento de requisitos relativos aos equipamentos, aos procedimentos de trabalho e ao controle de qualidade [13].

A portaria MS 453/98 [4] contempla sistemas de radiodiagnóstico analógico, ou seja, que utilizam tela e filme radiográfico. Contudo, com o avanço da tecnologia digital houve o desenvolvimento de detectores que capturam a imagem radiológica, trazendo vantagens operacionais como, tais como o arquivamento eletrônico e o pós-processamento da imagem. Em função dos sistemas digitais outros parâmetros que garantam a qualidade devem ser avaliados com o objetivo de assegurar a menor dose possível ao paciente e aos profissionais [13]. Em 2013, o Ministério da Saúde publicou uma nova portaria, portaria 2.898 [15], dedicada a regulamentar os exames de mamografia, porém o documento também não contempla a mamografia digital.

Uma evidência da necessidade de uma legislação que atenda ao radiodiagnóstico digital é o resultado da pesquisa comparativa realizada sobre doses de radiação durante exames de radiodiagnósticos. O Hospital Geral de Bonsucesso (HGB), trata-se de um hospital público de grande porte que dispõe apenas de equipamentos radiológicos convencionais, foi comparado com um hospital da Austrália que utiliza equipamentos digitais. Um dos resultados obtidos se refere ao índice de rejeição de imagens, no hospital brasileiro considerado em torno de 15% e no hospital australiano zero. Vários fatores podem ter contribuído para este resultado, um deles é a possibilidade de ajustar o nível de contraste posterior a realização do exame, evitando a repetição de radiografias [16].

O presente trabalho se dedica a fazer uma revisão bibliográfica definindo os sistemas de radiodiagnóstico tela-filme e digital, e seus parâmetros de qualidade. Também será apresentada uma análise dos principais parâmetros garantidores da qualidade de imagens médicas obtidas por fótons X, estabelecidos nas portarias em vigência no Brasil.

TECNOLOGIAS UTILIZADAS NA OBTENÇÃO DE IMAGENS RADIOLÓGICAS

No processo de formação dos raios X, elétrons com alta velocidade sofrem desvio de trajetória em uma colisão com o alvo, sua desaceleração leva a produção de raios X, desta interação, a maior parte da energia do elétron é transferida para o alvo na forma de calor e apenas 1% na forma de raios X. Outra forma de obter raios X é através da retirada de elétrons da eletrosfera do átomo, gerando uma vacância que logo irá ser ocupada por outro elétron de um nível de energia superior, este processo gera a emissão dos denominados raios X característicos. Os fótons são emitidos na faixa de frequência dos raios X e possuem energia equivalente à diferença entre os níveis inicial e final do elétron, sendo monoenergéticos é possível identificar o elemento químico de origem [17].

Durante o exame radiográfico o técnico ajusta os parâmetros de controle corrente pelo tempo (mAs) e a tensão no tubo de raios X (kVp) responsável por acelerar os elétrons do catodo até o anodo, gerando radiação X durante a colisão [18]. O ajuste realizado de acordo com a zona anatômica leva às imagens radiológicas de qualidade, reduzindo a exposição do paciente [19].

Os raios X irradiam da fonte em linha reta e em todas as direções ao longo do tubo metálico alongado, apenas será útil a parcela que cruzará a janela do tubo. A formação da imagem ocorre quando o feixe atravessa a região a ser examinada e encontra um detector radiográfico (películas radiográficas, telas intensificadoras, cassetes digitalizadores, placas detectoras), por exemplo. As diferenças das densidades radiográficas entre as estruturas anatômicas levarão à atenuação variada do feixe, resultando no contraste de visualização da imagem [20].

Dentre os processos de interação dos raios X com a matéria, os de interesse para o radiodiagnóstico são o efeito fotoelétrico e o efeito Compton. O efeito fotoelétrico consiste em absorção do fóton pelo átomo e liberação de um elétron que começa a se mover através do material. A energia cinética do elétron livre corresponde a diferença entre a energia do fóton e a energia de ligação do elétron ao átomo. O efeito Compton refere-se ao espalhamento de um fóton por um elétron do material. Neste processo o fóton transfere energia e momento para o elétron, em seguida é espalhado em outra direção, o fóton espalhado apresenta um comprimento de onda maior do que o do fóton incidente [21].

As consequências biológicas da interação da radiação X com o tecido ocorrem devido a processos de ionização e de excitação de elétrons em escala atômica que acumulam energia no tecido. Este acúmulo de energia pode produzir alterações químicas, gerando modificações e danos moleculares. Por isso, existe a necessidade de programas de controle de qualidade, para que a exposição do tecido à radiação ionizante seja a menor possível [19].

Nos sistemas de radiodiagnósticos tela-filme quando os fótons X cruzam o tecido e chegam à emulsão dos filmes radiográficos constituídos de haletos de prata (cristais de brometo ou iodeto de prata) imersos em uma emulsão gelatinosa e sobre a base do filme, uma imagem latente é formada [22]. Os sistemas de radiodiagnósticos digitais podem ser do tipo Radiodiagnósticos Computadorizados (CR do inglês "Computed Radiography") e Radiodiagnósticos Digital (DR do inglês "Digital Radiography"). Os sistemas CR são constituídos por placas de imagem (IP do inglês "imaging plate"), os chassis e o leitor, este sistema se assemelha ao tela-filme, uma placa não exposta é posta sobre o chassi, após o processo de radiação os elétrons também são capturados, formando a imagem latente. Em seguida, são estimulados por um LASER e liberados em direção à um tubo fotomultiplicador, convertidos em sinal elétrico e armazenados como imagem digital [13].

Os sistemas DR absorvem os raios X formam uma imagem de forma mais direta, podem ser classificados como indiretos ou diretos. Os DR indiretos formam imagem através de material cintilador, onde os fótons são convertidos em fótons dentro do espectro visível. Sendo coletados por transistores de filmes finos (TFT do inglês "Flat panel detector") ou por dispositivos de carga acoplada (CCD do inglês "charge-coupled device") serão convertidos em sinal digital. Já nos DR diretos os fótons de raios X liberam elétrons diretamente do material sendo coletados pelos transistores TFT de materiais cintiladores sólidos e semicondutores [13].

Como exemplo dos diversos equipamentos de radiodiagnósticos por imagem podem ser apresentados: a mamografia, a tomografia e radiografia. O exame de mamografia no Brasil é realizado utilizando qualquer um dos três sistemas, tela-filme, DR ou CR, porém no Brasil cresce o número de estabelecimentos que realizam a mamografia utilizando o sistema DR e CR [23]. A tomografia computadorizada utiliza o sistema CR e a radiografia os sistemas tela-filme, CR e serviços com maior volume de exames os DR estão sendo implantados [13].

A. Sistemas tela-filme

O sistema tela-filme consiste em uma base flexível recoberta de uma emulsão gelatinosa contendo cristais de haletos de prata, como mostra a figura 1. No início do processo formam-se sítios de imagem latente através da interação entre os haletos de prata com os compostos de enxofre presentes na superfície, e também devido às irregularidades do cristal. Após a incidência de radiação elétrons são liberados convertendo os haletos em íons de brometo e fótons são dissipados. Os elétrons arrancados se movem pelo cristal até serem capturados pelos sítios de imagem latente, esses sítios negativamente carregados atraem íons de prata livre que são neutralizados e convertidos em átomos de prata metálica [22]. As telas intensificadoras, ou écrans, contendo fósforo, material fluorescente, ficam em contato com o filme. Os cristais de fósforo da tela irão intensificar a ação dos raios X e sensibilizar o filme. Um chassi de plástico, ou metálico, é utilizado para armazenar o sistema tela-filme [20].

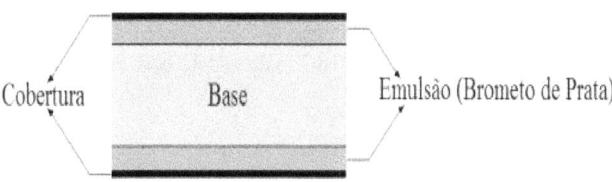

Figura 1. Constituição de um sistema Tela-Filme [24]

Assim que o filme é exposto aos raios X, uma imagem latente é formada e quando o filme é revelado os cristais de haletos de prata não sensibilizados continuam inalterados, já os cristais sensibilizados sofrem oxirredução, gerando prata metálica enegrecida suspensa na gelatina e será visualizada na imagem radiográfica. Para revelar a imagem é realizado um processo químico em uma câmara escura, além da revelação também ocorrem as etapas: fixação, lavagem e secagem [20].

Na etapa de fixação ocorre a remoção dos cristais não expostos, sem este processo a imagem torna-se opaca, o que prejudica sua interpretação. Durante esta etapa ocorre o enrijecimento da

97

gelatina da emulsão, ou seja, a radiografia torna-se resistente e pode ser manipulada. Com o objetivo de remover os resíduos de soluções que foram utilizadas e os sais de prata dissolvidos no processo anterior é feita a lavagem em água corrente. Caso os cristais não sejam devidamente removidos, pode ocorrer um processo de oxidação dando à radiografia um aspecto amarelado[22].

B. Sistemas de radiologia digital

Os sistemas CR são constituídos por um suporte de poliéster, uma camada de fósforo conhecida como IP, uma camada protetora, dentre outros. A aquisição de imagem latente é feita quando elétrons dos cristais cintiladores que são usados como detectores são capturados em armadilhas eletrônicas, após absorverem radiação. No leitor de IP um feixe de LASER de comprimento de onda em torno de 630 nm é incidido sobre a matriz de cristais cintiladores detectores, contendo os elétrons aprisionados, deixando-os excitados. Em seguida, os elétrons são liberados das armadilhas e emitem fótons com comprimento de onda próximos da luz azul, em torno de 460 nm, os fótons são colimados para uma fotomultiplicadora [13]. Esse tipo de dispositivo fotomultiplicador é uma célula fotoelétrica que libera elétrons do fotocátodo, estes seguem em direção ao anodo, porém colidem com dinodos que se encontram progressivamente em potenciais mais altos, liberando a cada colisão maior quantidade de elétrons. Um sinal elétrico é capturado e armazenado gerando a imagem digital, tal processo é denominado luminescência foto estimulável. A reutilização das IPs é possível removendo os elétrons das armadilhas, isto é realizado após incidir sobre elas uma intensa luz branca [13].

Os sistemas de radiologia digital (DR) capturam raios X de forma direta em uma placa detectora com arquitetura bidimensional de detectores (cintiladores sólidos ou semicondutores, vide figuras 2 e 3) esses armazenam uma imagem latente que é digitalizada através de uma varredura por sonda térmica ou por fótons de um LASER. O resultado desse processo é uma imagem digital construída por uma matriz bidimensional de pixels. Alguns parâmetros que servem para avaliar a qualidade da imagem obtida dependem do tamanho desta matriz, em geral 2500 x 2500 pixels. A intensidade do sinal em cada pixel depende da quantidade de bits, o que vai determinar a escala de cinza em uma imagem [25].

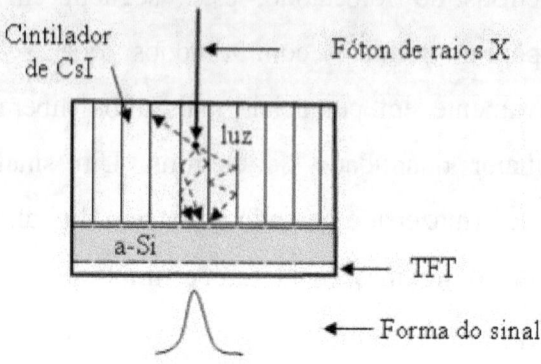

Figura 2: Sistema indireto de aquisição de imagem [24].

Os sistemas DR indiretos geram imagens quando fótons de raios X incidem sobre uma camada de material cintilador, muitas vezes iodeto de césio dopado com tálio já que os cristais deste composto possuem o formato de agulha e direcionam a luz emitida, evitando o espalhamento e a perda de resolução da imagem, como pode ser visto na figura 2. Através de câmeras CCD ou transistores de filmes finos (TFT) os impulsos luminosos são convertidos em sinal digital [25].

Por outro lado, em sistemas diretos, após a incidência de raios X, elétrons são liberados diretamente e capturados por uma camada de cristal de selênio amorfo (a-Se) depositada em TFT gerando o sinal, como pode ser visto na figura 3. Os dois sistemas apresentam aproximadamente a mesma relação sinal-ruído e a mesma eficiência na conversão dos raios X, porém no sistema direto os detectores sofrem uma redução nos tamanhos [13].

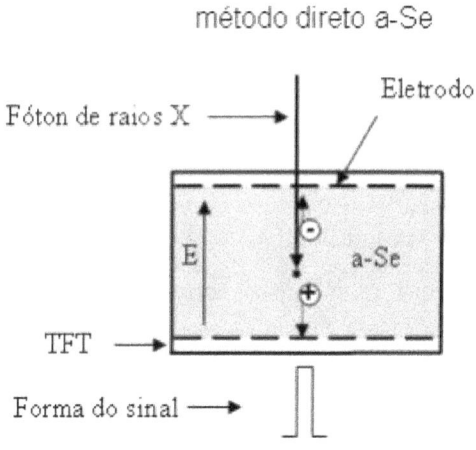

Figura 3: Sistema direto de aquisição de imagem [24].

Os sistemas de radiologia digital podem gerar artefatos de imagem, mudança na sensibilidade do detector após sucessivas exposições a raios X, a presença de artefatos pode ser atribuída à captura de elétrons em armadilhas mais profundas do cristal de a-Se e a combinação destes elétrons com buracos livres gerados devido à incidência de raios X [13]. A classificação dos sistemas digitais em CR e DR pode ser vista na figura 4.

C. Qualidade da imagem

No diagnóstico de patologias através da interação de radiação ionizante com o paciente objetiva-se qualidade de imagem, ou seja, menor dose possível combinada com um diagnóstico preciso, sem erros de interpretação e boa identificação das estruturas. Quando a imagem obtida não apresenta qualidade o exame deve ser repetido e o paciente é irradiado novamente, além disso haverá mais custos envolvidos. Por isso, existe a necessidade de montar um programa de garantia da qualidade (PGQ) para o processo de produção de imagens

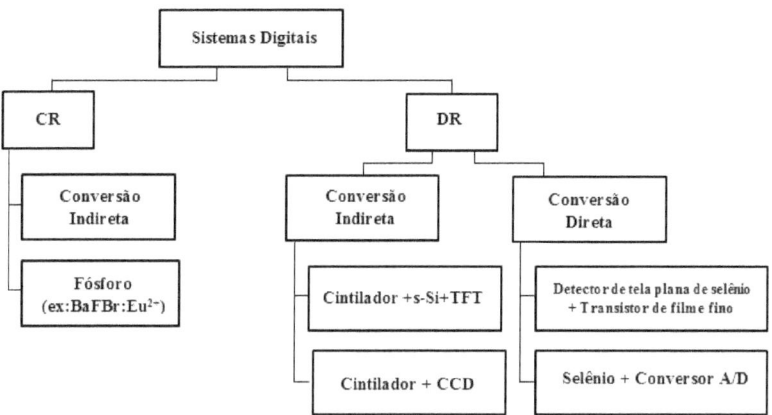

Figura 4: Adaptado pela Autora. Classificações do sistema de radiodiagnóstico digital em CR e DR [26].

radiológicas em hospitais e clínicas. A norma IEC 61223-1 [27] apresenta conceitos associados à qualidade que podem servir como base para essas instituições. Algumas atividades podem compor este programa, tais como: elaboração de memorial descritivo de proteção radiológica, realização de levantamentos radiométricos, valores representativos de doses, implementação de padrões de qualidade da imagem, cuidados com avisos seguindo a legislação, treinamentos da equipe envolvida no processo de geração e processamento da imagem, dentre outros [13].

A imagem radiológica gerada utilizando filmes, nos equipamentos mais convencionais, tem a seleção de dose e de tempo de exposição feita manualmente através de um painel de controle e sempre foi constatado que há possibilidade de otimização da dose, outro aspecto deste sistema, é a impossibilidade de melhorar a imagem gerada. A análise da qualidade da imagem utilizando sistemas analógicos é realizada com base no contraste, isto é, nos diferentes tons de cinza que a parecem na imagem processada. A resolução espacial também é considerada, pois refere-se à capacidade do equipamento em distinguir pequenos objetos. Para quantificar a resolução espacial utiliza-se o padrão de barras, que são estruturas radio-opacas e radiotransparentes que se alternam constituindo a imagem através de pares de linhas, sendo tipicamente de 5 a 6 pares de linha por milímetro (pl/mm) [20].

Porém, o ruído na imagem não é tratado como fator significativo para garantia da qualidade. A imagem radiológica gerada em sistemas digitais CR e DR apresenta o ruído e a razão sinal-ruído como parâmetros importantes para avaliar a qualidade da imagem. Com os recursos de pós-processamento é possível alterar contraste e nitidez da imagem, sendo o ruído o fator limitante. A resolução da imagem em sistemas digitais é limitada pelo tamanho do pixel de imagem [13].

Na legislação brasileira está em vigor a portaria MS 453/98 [4], a qual estabelece parâmetros de qualidade para sistemas de radiodiagnósticos analógicos e seus valores de referência. O não cumprimento desta lei "constitui infração de natureza sanitária nos termos da Lei 6.437 [28], de 20 de agosto de 1977, ou outro instrumento legal que venha a substituí-la, sujeitando o infrator ao processo e penalidades previstas, sem prejuízo das responsabilidades civil e penal cabíveis" [4], também deve ser citada a responsabilidade ética, de acordo com a resolução MS/CNS 196/96 [23]. Porém, a exemplo do trabalho realizado por Mendes A. C. R, et al [29], muitas instituições de saúde não apresentam PGQ, conforme estabelecido na portaria MS 453/98 [4], o que contribui para a baixa qualidade das imagens e consequente repetição dos exames, elevando a dose recebida por pacientes e profissionais.

A produção de imagens radiográficas através de sistemas digitais está aumentando a cada dia, resultado que se justifica pela diminuição da exposição aos raios X. Conforme estudo realizado por Blanc et al apud Falcão, A.F.P., Sarmento, V. A., Viviane, Rubira, I.R.F., 2003 [30] através de avaliações dosimétricas em radiografias dentárias, onde houve redução de 40% a 60% da exposição. O sistema digital tem se mostrado mais eficiente na detecção de mudanças nas estruturas, quando comparado com o sistema analógico. No entanto, não existe uma legislação específica para o radiodiagnóstico via sistemas digitais no Brasil que regulamente o pós-processamento da imagem. Algumas instituições de saúde seguem protocolos estrangeiros que apresentam orientação sobre testes de equipamentos e valores de referência de alguns parâmetros de qualidade, também contam com o auxílio dos manuais dos equipamentos como referência [30].

D. Qualidade da Imagem em Sistemas tela-filme

A avaliação da qualidade da imagem é realizada através de parâmetros presentes no processo de produção da imagem, dentro os quais estão a tensão de pico (kVp) e o produto entre corrente de elétrons na ampola de raios X e o tempo de exposição (mAs). Estes parâmetros influenciam também a dose de radiação absorvida pelo paciente e qualquer aumento da tensão de pico gera aumento da dose recebida, pois a corrente-tempo de exposição aumentará também. A energia do feixe de raios X incidente será maior quanto maior for a tensão de pico, sendo mais uniforme a penetração do feixe nas várias densidades de massa de todos os tecidos. Portanto, o aumento da tensão aumenta a densidade óptica, ou seja, o feixe sofre menor atenuação ao penetrar no tecido.

A qualidade da imagem analógica pode ser avaliada pelo contraste e pela densidade óptica, sendo a densidade uma medida do enegrecimento de pontos da imagem, seu controle é através da duração da exposição e pela quantidade de fótons incidentes, ou seja, através do produto corrente-tempo de exposição. Numa imagem radiográfica define-se a diferença de densidade óptica entre áreas adjacentes como contraste. O contraste adequado da estrutura anatômica analisada com a menor dose de radiação é obtido fazendo a escolha do filme apropriado e realizando um ajuste entre a tensão (kVp) e o produto corrente de elétrons na ampola pelo tempo de exposição (mAs) [31].

Nos sistemas analógicos a seleção dos valores de tensão de pico e do produto corrente-tempo de exposição são definidos manualmente pelo técnico em radiologia que precisa adaptar os parâmetros com as características físicas do paciente. No dia a dia o radiologista escolhe os valores com base em sua experiência, visando uma imagem radiológica de qualidade e a menor dose de radiação possível [31]. Silva et al [32], realizou estudos experimentais com o objetivo de determinar uma metodologia para a escolha da tensão de pico adequada a ser aplicada aos tubos de raios X, para isso foi utilizado um fotodiodo específico para fazer uma espectrometria dos raios X, pois o valor do kVp depende do tipo de onda produzida pelo gerador do equipamento.

O ruído também deveria ser considerado para avaliar a qualidade da imagem, ele aparece durante o processo de geração da imagem e produz distorções e suas causas podem estar associadas com a quantidade de fótons recebidos pelo sistema. Poucos fótons elevam o grau de incerteza durante a leitura da imagem, porém aumentar o número de fótons incidentes significa elevar a dose de radiação [13]. Flutuações estatísticas do feixe de fótons de raios X incidentes no detector e as variações aleatórias durante sua absorção são causas do ruído, além do aumento da sensibilidade do filme e da tela [13].

E. Qualidade da imagem em sistemas de radiografia digital

Imagens obtidas através de sistemas digitais também necessitam de alguns parâmetros para garantir a qualidade da imagem, tais como a resolução de contraste, a resolução espacial, ruído, razão sinal-ruído e razão contraste-ruído. A resolução de contraste é uma medida de quanto o sistema consegue distinguir dois objetos com a mesma intensidade de sinal. Se o sistema distingue dois objetos pequenos em alto contraste, ele possui resolução espacial, este parâmetro é limitado pelo tamanho mínimo do pixel. O aumento da radiação incidente pode atrapalhar a resolução devido ao espalhamento, gerando o borramento, ou a falta de definição das bordas da estrutura, o que também prejudica a resolução da imagem.

O ruído na imagem digital pode ser do tipo quântico, estrutural ou eletrônico. O principal deles é o ruído quântico que ocorre devido a flutuações estatísticas do feixe de fótons de raios X incidentes no detector e as variações aleatórias durante sua absorção. Para estimar este ruído é feito um cálculo do desvio padrão do "kerma: energia cinética depositada por unidade de massa (do inglês "*kinetic energy released per unit mass*"), ou seja, do número de fótons absorvidos em uma região do detector [24]. O ruído estrutural ocorre devido a variações na sensibilidade da superfície dos detectores digitais podendo gerar aumento da dose. Já o ruído eletrônico independe da dose e resulta do processo de amplificação sinal, também pode ser gerado durante a leitura do sinal se ocorrer fora dos pixels [24]

Em sistemas digitais o ruído e a razão sinal-ruído (SNR) são importantes para avaliar a qualidade da imagem, pois com o pós-processamento da imagem através de softwares de aquisição da imagem é possível modificar os tons de cinza e tornar o contraste variável. Desta forma, a qualidade da imagem fica atrelada ao sinal de entrada e ao ruído gerado que são informações originais da imagem [13].

As grandezas apresentadas são importantes para avaliar a qualidade da imagem em sistemas digitais de radiodiagnóstico e devem fazer parte do PGQ de instituições de saúde que utilizam equipamentos com a tecnologia digital, tais como radiologias, mamografias e tomografias computadorizadas ou digitais e fluoroscopia digital [13].

É possível distinguir os sistemas de radiodiagnóstico digital e analógico através das curvas de sinal em função da exposição que fornecem a faixa dinâmica, o limite de saturação e o mínimo ruído para cada sistema, conforme pode ser visto na figura 5 que mostra a variação do sinal recebido em função da exposição. A faixa dinâmica consiste na diferença de intensidade do sinal entre o maior e o menor valor que um sistema é capaz de processar. O limite de saturação fornece o máximo de sinal processado para cada sistema. Para um sistema digital é possível aumentar o número de bits por pixel e aumentar a faixa dinâmica da imagem, levando a uma resposta mais ampla em relação à exposição, ou seja, o sinal melhora com o aumento do intervalo de exposição, gerando mais tons de cinza para a imagem. Já o sistema tela-filme possui uma faixa dinâmica mais estreita, seu desempenho não melhora muito com o aumento da exposição [13].

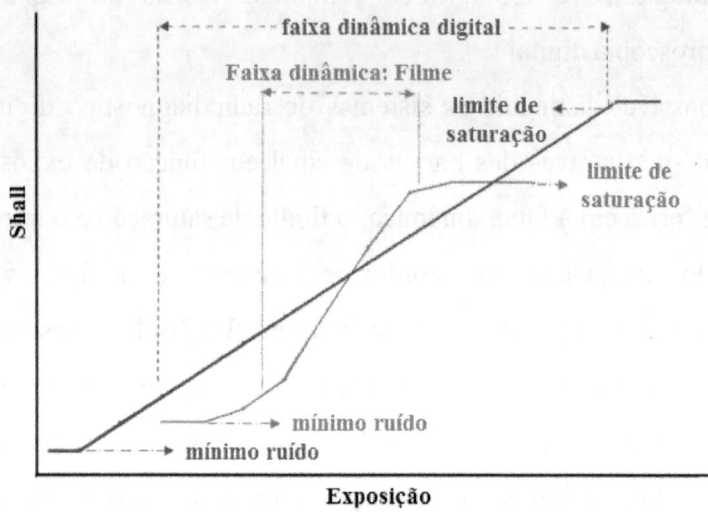

Figura 5: Faixa Dinâmica de sistemas tela-filme e equipamentos que produzem imagem digital [13].

CONTROLE DE QUALIDADE ASSOCIADOS A RADIOLOGIA DIAGNÓSTICA

Os programas de controle de qualidade em radiodiagnóstico sofrem alterações e complementações de acordo com o avanço da tecnologia buscando sempre um equilíbrio entre qualidade da imagem e menor dose ao paciente, aos médicos e técnicos envolvidos. Em 1990 a Secretaria de Vigilância Sanitária, com base nas disposições constitucionais e a na Lei 8.080 [33], estabeleceu a Portaria Federal 453/98 [4] regulamenta os limites

112

das doses recomendados para procedimentos radiológicos, bem como, as doses limitantes individuais para a exposição ocupacional, os equipamentos utilizados, a necessidade de uma estrutura organizacional no serviço de radiodiagnóstico, monitoramentos de área e de pessoal, qualificação e treinamento de pessoal, além de estabelecer alguns requisitos específicos para diagnóstico médico e odontológico. Inicialmente a portaria apresenta as disposições gerais do regulamento contendo seus objetivos, o campo de aplicação e sua autoridade regulatória. Depois justifica a regulamentação se baseando no princípio básico da proteção radiológica ocupacional onde todas as exposições devem ser mantidas tão baixas quanto razoavelmente exequíveis, seguindo o princípio ALARA. Sendo informados valores de referência para dose média ocupacional e para o paciente, além de uma regulamentação sobre prevenção de acidentes.

A ANVISA, fundamentada na portaria 453/98 [4] e em normas internacionais, publicou em 2005, por meio da Resolução 64/2003 [34], um Guia de Radiodiagnóstico que inclui valores de referência para grandezas dosimétricas e testes mais completos em relação àqueles previstos na legislação. O guia apresenta um

113

levantamento radiométrico e procedimentos de controle de qualidade para equipamentos de raios X convencionais, de mamógrafos convencionais, de fluoroscopia e de tomografia computadorizada, além de testes de radiação de fuga [35].

Contudo, falta uma fiscalização mais efetiva da ANVISA nos serviços de radiodiagnóstico, como exemplo tem-se o estudo realizado por Pacheco et al [36] em que são avaliados os serviços de radiodiagnóstico em dois hospitais da rede pública estadual de Rio Branco que utilizam sistema tela-filme. Neste trabalho foram constatadas irregularidades, tais como: exames radiológicos realizados em leitos sem a barreira blindada e sem o afastamento mínimo de 2,0 m dos outros pacientes e acompanhantes; operação do equipamento de raios X com a porta da sala aberta, os técnicos não ofereciam o avental plumbífero aos acompanhantes e falta de treinamento e capacitação da equipe técnica do setor de radiologia.

Em 26 de março de 2012 o Ministério da Saúde publicou a portaria 531 [37] instituindo o Programa Nacional de Qualidade em Mamografia (PNQM) com os seguintes objetivos: cumprimento das legislações que regem o serviço de radiodiagnóstico, estruturação da rede do Programa de Garantia de Qualidade (PGQ) dos serviços de mamografia através das secretarias de saúde e dos órgãos de vigilância sanitária, formação de centros de referência em serviços de mamografia para dar apoio técnico ao PGQ.

De acordo com a portaria 531 ficam obrigatórias a capacitação e a atualização periódica dos profissionais da vigilância sanitária e da saúde, além de o armazenamento de informações dos serviços de diagnóstico por imagem em mamografias em acordo com o PNQM. Além da formação de comitês com o objetivo de fiscalizar e garantir a implantação do PNQM, são estabelecidos critérios de qualidade das imagens radiográficas, do laudo radiográfico e de monitoramento do PNQM.

Em 28 de novembro de 2013 o Ministério da Saúde publicou a portaria 2.898 [15] revogando a portaria 531 e atualizando o PNQM. As atribuições de cada órgão em relação ao cumprimento do PNQM ficam bem determinadas no novo documento. São apresentados critérios para o credenciamento dos centros de referência, também é previsto a formação de um comitê de avaliação da qualidade dos serviços de diagnóstico por imagem que realizam a mamografia e estabelecidos alguns procedimentos avaliadores. Porém, mesmo sendo a portaria 2898 [15] uma atualização do PNQM, ela também não apresenta um PGQ para sistemas de mamografias digitais.

A legislação brasileira não regulamenta os PGQ dos sistemas de radiodiagnósticos digitais, sendo necessário o uso de guias, protocolos internacionais e auxílio do manual dos equipamentos para ser possível a implantação de PGQ nas instituições de saúde que possuem esta tecnologia. A *American Association of Physicists in Medicine (AAPM) Report 93* [38] publicou um guia de testes para equipamentos que utilizam o sistema CR, a tabela 1 apresenta os testes sugeridos [13]. O protocolo espanhol *Protocolo Español de Control de Calidad* [39] também contém alguns testes que devem ser realizados neste sistema.

TABELA 1
TESTES RECOMENDADOS PARA SISTEMAS CR

Testes	Verificação
Ruído no IP não irradiado	O sistema de apagamento deve ser capaz de eliminar qualquer sinal no IP. Assim ao verificar o ruído no IP não irradiado, pode-se perceber o ruído inerente.
Uniformidade	Verifica a resposta apropriada dos IPs a uma exposição incidente alta. A alta exposição não deve saturar a resposta ADC (por exemplo, todos os pixels com valor de 4.095).
Calibração do indicador de exposição	É um método equivalente à verificação da velocidade radiográfica para uma dada exposição. A exposição de 1,0 mR é utilizada para estabelecer a precisão do "índice de exposição". É como se fosse calibrar o indicador.
Linearidade de resposta	Este teste determina a resposta do detector e sistemas de leitura para pelo menos três décadas de variação de exposição.
Função do feixe laser	Verificação da estimulação do feixe laser para transformar a imagem latente em sinal elétrico.
Uniformidade e limite de resolução	Testes de resolução espacial incluem medições de limite de resolução periférico e central em cada tamanho de IP. Alguns apresentam resolução diferente para cada tamanho: 35 x 35 cm2: 2,5 pl/mm (200 µm) 24 x 30 cm2: 3,3 pl/mm (150 µm) 18 x 24 cm2: 5,0 pl/mm (100 µm)

Sensibilidade de baixo contraste	Habilidade de responder a pequenas quantidades de radiação. A sensibilidade do contraste deve ser melhorada com o aumento da exposição.
Precisão do ciclo de apagamento	A habilidade de reutilizar os IPs sem sinais residuais de exposições anteriores é importante.
Função do feixe laser	Verificar a integridade da varredura, quebras de sinal e jitter.
Armazenamento	Avaliação da unidade: verificação de velamento na placa CR.

Estudos realizados sobre mamografia utilizando sistemas DR e CR produziram publicações que orientam clínicas e hospitais sobre a implantação dos PGQ. As instituições que utilizam os sistemas DR realizam procedimentos de controle de qualidade com base nos manuais dos equipamentos, pois a forma de aquisição da imagem varia com o fabricante [13]. Contudo, os testes apresentados na tabela 2 são considerados básicos para os sistemas DR e foram retirados do *Protocolo Español de Control de Calidad.*

O controle de qualidade de imagem em radiodiagnóstico através sistemas DR na Europa e nos Estados Unidos é realizado seguindo "

118

European protocol for the quality control of the physica land technical aspects of mammography screening (Euref 2006) e o *American college of Radiology* (ACR), respectivamente. O Euref apresenta procedimentos para controle de qualidade em mamografias obtidas através de sistemas tela-filme e de sistemas digitais. O documento ACR constitui em um conjunto de orientações que contribui para garantir a qualidade em sistemas DR [40, 41].

TABELA 2

TESTES RECOMENDADOS PARA SISTEMAS DR [18]

Testes	Verificação
Razão sinal ruído	Deve-se obter imagem de um objeto uniforme e estabelecer a relação entre valor médio do pixel dentro da imagem do objeto e seu fundo, considerando o ruído (desvio padrão do valor médio do pixel do objeto).
Razão contraste ruído	Deve-se obter imagem de um objeto uniforme e estabelecer relação entre o valor médio do pixel dentro da imagem do objeto e seu fundo, considerando o ruído tanto da imagem do objeto quando do fundo.
Resolução espacial	Utilizam-se dispositivos com padrões de barras para determinar quantos pares de linha/mm é possível identificar.
Resolução de contraste	Uma vez que o contraste é afetado por vários parâmetros, essa verificação é um método para detectar uma faixa em que o sistema pode falhar.

Contraste detalhe	Verifica-se o limite de visibilidade para um dado contraste.
MTF	Utiliza-se um dispositivo de teste com distribuição de frequências conhecidas, no qual se relaciona o sinal em regiões com pares de linhas conhecidos.
Uniformidade	Verifica-se se existem pixels que não possuem um sinal, ou mesmo agrupamento de pixels.
Artefatos	Um dos principais artefatos é o aparecimento de ghost na imagem. A verificação é muito simples.
Distorção geométrica	Pode-se verificar distorção por medições de distancias horizontais e verticais.

CONCLUSÕES

O trabalho consistiu em realizar uma revisão bibliográfica sobre a física do processo de geração de imagens analógicas e digitais, os parâmetros importantes que definem uma imagem de qualidade e a legislação envolvida. Também foi apresentada a distinção entre os sistemas analógico (tela-filme) e digital (CR e DR) que são amplamente utilizados no Brasil, sendo o primeiro mais convencional. Estes sistemas utilizam radiação ionizante no processo de produção da imagem, sendo necessário estabelecer valores limitantes das doses de radiações aplicadas nos procedimentos radiológicos e equipe de médicos e técnicos e uma política de proteção radiológica na forma de monitoramento de área e de pessoal. Além de realizar manutenções preventivas nos equipamentos na forma de testes e calibração, tudo isso para assegurar qualidade da imagem gerada com menor dose possível. Este conjunto de ações constituem os PGQ que, segundo a legislação brasileira, devem ser implementados em todos os hospitais e clínicas que realizam o radiodiagnóstico.

Ainda é possível encontrar instituições de saúde no Brasil que não seguem a legislação, não implantando os PGQ e expondo a população a valores de dose desnecessários, sendo importante melhorar a fiscalização realizada pela ANVISA. Além disso, a portaria MS 453/98[4] apresenta regulamentações voltadas para equipamentos de radiodiagnósticos analógicos, sendo urgente a criação de uma portaria que contemple equipamentos digitais de radiodiagnóstico. Pois, o pós-processamento da imagem é um recurso dos sistemas digitais que impede, em muitos casos, a repetição do exame. Com o avanço tecnológico, a legislação brasileira precisa dar este passo, além de assegurar uma fiscalização mais eficiente.

REFERÊNCIAS

[1] Oliveira ML, Khoury H. Influência do procedimento radiográfico na dose de entrada na pele de pacientes em raios X pediátrico. *Radiol. Bras.* 36(2): pp. 105-109. 2003.

[2] Pereira AG, Vergara LGL, Merino EAD, Wagner A, Soluções no serviço de radiologia no âmbito da gestão uma revisão da literatura, *Radiol. Bras.* 48(5): pp. 298-304. 2015.

[3] Brasil. Ministério de Estado do Trabalho. Portaria 3.214/78. Normas regulamentadoras da Consolidação das Leis do Trabalho, relativas à Segurança e Medicina do Trabalho, 1978.

[4] Brasil. Ministério da Saúde. MS 453/98, de 02 de julho de 1998. In: Diário Oficial da União. Diretrizes de proteção radiológica em diagnóstico médico e odontológico do Ministério da Saúde; 1998.

[5] Resolução Normativa no 001/DVIS/2012. Orienta para o Roteiro de Padrões de Conformidade em Unidade Hospitalar. Diretoria de Vigilância Sanitária. Secretaria de Estado da Saúde. Diário Oficial do Estado. Estado de Santa Catarina. (2012).

[6] Conselho Nacional de Técnicas Radiológicas. Resolução no 02/2002. Institui e normatiza atribuições e competências em funções dos profissionais tecnólogos em radiologia. Diário Oficial da União da República Federativa do Brasil. Brasília. (2002).

[7] Conselho Nacional de Técnicas Radiológicas. Resolução no 11/2011. Institui e normatiza atribuições e competências em

funções dos profissionais tecnólogos em radiologia. Diário Oficial da União da República Federativa do Brasil. Brasília. (2011).

[8] Brasil. Norma Regulamentadora N32 Segurança e saúde no trabalho em estabelecimentos de saúde. Diário Oficial da União da República Federativa do Brasil. Brasília (2005).

[9] Comissão Nacional de Energia Nuclear (CNEN). Norma CNEN NN 3.01 – Diretrizes Básicas de Proteção Radiológica. Diário Oficial da União. República Federativa do Brasil, Brasília, DF, 2014.

[10] Comissão Nacional de Energia Nuclear (CNEN). Norma CNEN NN 3.02 – Serviços de Radioproteção. Diário Oficial da União. República Federativa do Brasil, Brasília, DF, 2014.

[11] Comissão Nacional de Energia Nuclear (CNEN). Norma CNEN NN 3.05 – Requisitos de Segurança e Proteção Radiológica para Serviços de Medicina Nucliar. Diário Oficial da União. República Federativa do Brasil, Brasília, DF, 2014.

[12] Comissão Nacional de Energia Nuclear (CNEN). Norma CNEN NN 7.01 – Certificação de Qualificação de Supervisores de Proteção Radiológica. Diário Oficial da União. República Federativa do Brasil, Brasília, DF, 2014.

[13] Furquim TAC, Costa PR. "Garantia de qualidade em radiologia diagnóstica," *Revista Bras. Fís. Médica*. 2009;3: pp. 91-99.

[14] Secretaria de Estado da Saúde. Resolução SS 625/94, de 14 de dezembro de 1994. In: Diário Oficial do Estado. Norma técnica que dispõe sobre o uso, posse e armazenamento de fontes de radiação ionizante no âmbito do Estado de São Paulo. São Paulo: Secretaria do Estado da Saúde, 1994.

[15] Brasil. Ministério da Saúde. MS 2898/2013, de 28 de novembro de 2013. In: Diário Oficial da União. Atualiza o Programa Nacional de Qualidade em Mamografia (PNQM); 2013.

[16] Azevedo ACP, Mohamdain KEM, Osibote OA, Cunha, ALLC, Filho AP, Estudo Comparativo das Técnicas Radiográficas e Doses entre o Brasil e a Austrália. *RadiolBras* 2005; 38(5): pp. 343-346.

[17] Tauhata et al. Radioproteção e Dosimetria: Fundamentos. Instituto de Radioproteção e Dosimetria. Comissão Nacional de Energia Nuclear. Rio de Janeiro.2013.

[18] Souza AJ, Araújo MST. A produção de raios X contextualizada por meio do enfoque CTS: um caminho para introduzir tópicos de FMC no ensino médio, *Educar*, Curitiba, n.37, maio/ago. 2010. Editora UFPR.

[19] Bushong SC (2005). *Manual de radiologia para técnicos: Física, Biologia e Proteção Radiológica* (8aed). Madrid: Harcourt.

[20] Schimidt GT, De Paula V. Doses de exposição em exames radiológicos realizados em sistemas CR e tela-filme, Disc.

Scientia. *Série Ciências Naturais e Tecnológicas*. 2011;12: pp. 65-75.

[21] Yoshimura EM. Física das Radiações: interação da radiação com a matéria, *Rev. Bras. de Física Médica*. 2009; 3(1): pp. 57-67.

[22] Pistóia GD, Cerpa G, et al. A imagem latente e a química do processamento radiográfico, *Saúde*. 2004;30: pp. 12-20.

[23] Freitas AG, Kemp C, Louveira MA, Fujiwara SM, Campos LF, Mamografia Digital: Perspectiva atuais e aplicações futuras. *Radiol. Bras.* 2006;39(4): pp. 287-296.

[24] Oliveira MA. Avaliação da dose glandular e qualidade da imagem de pacientes submetidas a mamografias com processamento de imagem digital, Dissertação. CTRA - Programa de Pós-Graduação em Ciência e Tecnologia das Radiações, Minerais e Materiais 2011.

[25] Furquim TAC. *A imagem radiológica*. Disponível em: rle.dainf.ct.utfpr.edu.br/hipermidia/.../A_imagem_radiologica.pdf

[26] Korner M et al, Advances in Digital Radiography: Physical principles and System Overview. *Radiographics*, v.27, n.3, pp. 675-686, 2007.

[27] International Electrotechnical Commission. Evaluation and routine testing in medical imaging departments. Part 1: general aspects. IEC 61223-1st ed.;1993.

[28] Brasil. Lei n° 6.437. In: Diário Oficial da União. Lei de Infrações à Legislação Sanitária. Brasília, 1977.

[29] Mendes ACR, Ramos CL, Abreu DWM, Avaliação das condições de funcionamento dos equipamentos de raios X médico em serviços de radiologia no Estado da Paraíba, durante os anos de 2008 e 2009. *Radiol. Bras.* 2011 Jul/Ago;44(4): pp. 244-248.

[30] Falcão AFP, Sarmento VA, Viviane RIRF, Valor legal das imagens radiográficas digitais e digitalizadas. *R.Ci. méd.biol.* Salvador, v.2, pp.263-268, jul./dez.2003.

[31] Tondo R, Watanabe WT, Bissaco MA, Otimização dos parâmetros de exposição radiográfica através de método computacional para aquisição de imagens de boa qualidade para diagnóstico, *Rev. Bras. de Eng.Biom.*, v24, n.2, pp.109-119, agos. 2008.

[32] Silva MC, Lammoglia P, Herdade SB, Costa PR, Terini, RA, Determinação da tensão aplicada a tubos de raios X através do espectro de bremmsstrahlung obtido com um fotodiodo PIN. *Rev. Bras. de Eng.Biom.*, v16, n.1, pp.13-20, jan/abr 2000.

[33] Brasil. Lei n0 8.080. In: Diário Oficial da União. Dispõe sobre as condições para a promoção, proteção e recuperação da saúde, a organição e o funcionamento dos serviços correspondentes e dá outras providências. Brasília, 1990.

[34] Brasil. Ministério da Saúde. Agência Nacional de Vigilância Sanitária. Resolução n064: Guia de procedimentos

para controle de qualidade em radiodiagnóstico. Brasília, 2003.44p.

[35] ANVISA, Agência Nacional de Vigilância Sanitária. Radiodiagnóstico médico, desempenho e segurança. Brasília, 2005.

[36] Pacheco JG, Santos MB, Neto JT, Avaliação dos serviços de radiodiagnóstico convencional de dois hospitais da rede pública estadual de Rio Branco, Acre, *Radiol. Bras.* 2007; 40(1): pp. 39-44.

[37] Brasil. Ministério da Saúde. MS 531/2012, de 26 de março de 2012. In: Diário Oficial da União. Atualiza o Programa Nacional de Qualidade em Mamografia (PNQM); 2012. Revogada em 2013.

[38] American Association of Physicists in Medice. Axeptance Testing and Quality Control of Photostimulable Storage Phosphor Imaging Systems. *American Association of Physicists in Medicine One Physics Ellipse*, College Park, AAPM Report 93, 2009.

[39] Sociedad Española de Física Médica – Sociedad Española de Protección Radiológica. *Protocolo Español de Control de Calidad em radiodiagnóstico*, 2002.

[40] European protocol for the quality control of the physical and technical aspects of mammography screening, 2006.

[41] ACR-AAPM-SIIM Practice parameter for digital radiography, 2014.

Capítulo 4

Avaliação da soldabilidade de pinos conectores a base de latão (Cu/Zn) com fios de Cobre

Severino Dias Carneiro

Kássio André Lacerda

INTRODUÇÃO

Este trabalho tem o objetivo da verificação da possibilidade da nacionalização de pinos conectores utilizados na fabricação de Oxímentro de Pulso, com isso será possível reduzir custos relativos a importação do produto e como consequência direta a possibilidade da pratica de um preço melhor para o usuário final do produto. As aplicações tecnológicas são extremamente dependentes dos metais. Em quase todas as aplicações que há requisito de propriedades condutoras (elétricas ou térmicas) notam-se a presença de metais que se apresentam capazes de realizarem o transporte de cargas. As ligas metálicas são desenvolvidas como alternativa à utilização de alguns metais, uma vez que, elas apresentam características que os metais puros não possuem e por isso são produzidas industrialmente e largamente aplicadas no cotidiano. Uma das ligas comerciais de grande utilização é o Latão, formada por cobre e zinco, podendo ainda ter outros metais como chumbo, níquel, ferro e estanho [1]. A adição dos vários elementos dá origem a materiais com características apropriadas a várias aplicações, dentre elas destacam-se os Latões aplicados na fabricação de pinos conectores. Esse trabalho foi conduzido para avaliar dois diferentes pinos, conforme figura 1, conectores elétricos aplicados na fabricação de Oxímetros de Pulso. Os pinos testados foram adquiridos de um fornecedor estrangeiro e os outros produzidos no Brasil. Para tal comparação, realizou-se uma caracterização química e microestrutural das ligas aplicadas na fabricação dos pinos conectores elétricos, bem como técnicas de soldagem para a conexão dos pinos de Latão a fios de Cobre. Por fim, foi avaliada a contribuição do aumento de resistência elétrica nas uniões pino/cabo utilizados na fabricação dos Oxímetros de Pulso.

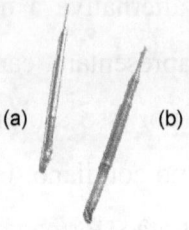

Figura 1: Pinos usados no ensaio, (a) importado com banho de Au, (b) nacional com banho de Sn.

Os métodos usados no processo foi o de caracterização química pelo processo EDS (*energy dispersive x-ray detector* EDX ou EDS) e microestrutural pelo processo de MEV (microscopia eletrônica de varredura).

REVISÃO BIBLIOGRAFICA

A. Materiais

Um dos metais mais utilizados é o Cobre (Cu), que normalmente é usado em sua forma pura, mas também pode ser combinado com outros metais para produzir uma enorme variedade de ligas. Cada elemento adicionado ao cobre permite obter ligas com diferentes características tais como: maior dureza, resistência à corrosão, resistência mecânica, usinabilidade ou até para obter uma cor especial para combinar com certas aplicações. Os principais elementos de liga com o cobre são: Zinco (Zn), Estanho (Sn), Chumbo (Pb), Níquel (Ni), Silício (Si) e o Alumínio (Al), em menor grau de importância o Manganês (Mg), Cádmio (Ca), Ferro (Fe), Fósforo (P), Arsênio (As), Cromo (Cr), Berílio (Be), Selênio (Se) e o Telúrio (Te). A composição química das ligas de Cu é ajustada as etapas de conformação, para obtenção dos diversos produtos à base de Cu. Com adição de elementos de ligas algumas propriedades são evidenciadas nas etapas de produção ou nas características dos produtos demandados [2, 3]. O Zn pode ser incorporado nas ligas de Cu em teores que chegam a 45%, essa variação mássica na liga da origem a diversos tipos de produtos denominados de Latão. Essa larga variação no teor de Zn permite flexibilizar as técnicas de conformação (a quente ou a frio). Com a adição de Zn nas ligas de Cu consegue-se reduzir parâmetros como: temperatura de fusão, densidade, condutividade (elétrica e térmica), módulo de elasticidade. Contudo, o Zn produz ganhos no coeficiente de expansão térmica, na resistência a solicitação mecânica (principalmente em tração) e na dureza. O latão pode ser dividido em dois grupos: o de baixo teor de Zn (até 20%) e alto teor de Zn (de 20 a 45%). O uso de latão na fabricação de artefatos mostra como limitação os processos de soldagem da liga. O latão não pode ser soldado com processo elétrico, pois o calor do arco é muito alto, fazendo com que o Zn funda primeiro ocorrendo a perda do elemento na forma de gás. Deve-se usar o processo de brasagem para a produção dos artefatos [2, 3]. A inclusão de outros elementos ligados pode desenvolver melhorias significativas nas propriedades físicas e químicas, bem como, facilidades no processamento dessas ligas. O Pb quando adicionado em razão mássica até 4%, produz características adequadas a trabalhabilidade, facilitando a usinabilidade. No entanto o Pb provoca aumentos na densidade e redução nas propriedades condutoras. O elemento Sn acrescentado as ligas de Cu induz melhorias nas propriedades mecânicas: resistência mecânica, ganhos no limite de escoamento, resiliência, fadiga, dureza, resistência a corrosão. Entretanto reduções nas propriedades condutoras e na temperatura de fusão são notadas. A inserção de átomos de Ni produz modificações na coloração da liga de Cu, de modo que o cuproníquel desenvolve aspecto que tende ao branco. O aditamento do Ni ao Cu revela ganhos em resistência mecânica, módulo de elasticidade, dureza, mas a capacidade de encruamento dos cuproníqueis é inferior à de outras ligas de cobre. O Ni diminui significativamente a condutividade (térmica e elétrica), e reduz ligeiramente o coeficiente de expansão térmica. Um fator relevante e a manutenção da densidade da liga se equiparar as densidades originais dos metais. A explicação para tal constatação advém da semelhança nos valores da densidade atômica do Cu e Ni. O Si, como elemento constituinte melhora a soldabilidade, mas produz os efeitos já evidenciados pelos os outros elementos de liga, que são: reduções nas propriedades condutoras e diminuição nas temperaturas de fusão [4]. Por fim, a inclusão de Al e Mn produz relevantes melhorias nos processos de conformação, mas determina reduções na condutividade e nas temperaturas de fusão, confirmando o comportamento dos outros elementos de ligas. Mas vale ressaltar que o Mn mostrou a maior redução nas propriedades condutoras, transformando as ligas Cu-Mn em produtos resistivos [2, 3]. Segundo o fabricante Shokmetais o tipo de latão mais utilizado na confecção de pinos e o apresentado no Quadro. I, liga essa utilizada no pino nacional. O pino importado não há descrição sobre a liga de latão utilizada.

QUADRO I - LIGA DE LATÃO

Tipo	Código	Característica	Aplicação
Latão Corte livre Europeu CLE	C38500	Limitada conformidade a frio e boa conformidade a quente e excelente soldabilidade e boa brasagem	Peças a serem usinadas em tornos de alta velocidade de corte tais como: parafusos, pinos, porcas, arruelas, mancais, dobradiças, cadeados, tomadas e interruptores

Adaptado de Shokmetais, 2013 [5].

B. Soldagem

É um processo de fabricação, do grupo dos processos de união, que visa o revestimento, a manutenção e/ou a união de materiais, em escala atômica, com ou sem o emprego de pressão e/ou com ou sem a aplicação de calor. Nesse caso, sempre que a ideia se refira à operação (preparação, execução e/ou avaliação), o termo correto a ser utilizado é soldagem [6]. A solda é o processo de união entre duas superfícies, com ou sem a adição de material constitutivo ou aditivo, de modo a formar uma junção que possua as propriedades mecânicas desejáveis ao fim que se destina a obra. Para a efetivação desse processo dos meios de aquecimento das superfícies a serem soldadas é através do calor proveniente da combustão de uma mistura de gases ou por transferência de calor proveniente de um ferro de soldar ou equivalente, para atingir a temperatura necessária [7, 8]. Dentre os diversos materiais de preenchimento como Foscooper liga de Cu e P; Solda Prata, liga de Cu e Ag; temos a solda branca Sn-Pb, elemento este largamente utilizado em eletrônica. As soldas de Sn-Pb são produzidas na forma de lingotes, anodos, pastas, barras e vergas extrudadas, fitas laminadas e fios, estes últimos com ou sem injeção de um núcleo de fluxo, e trefilados nas formas e diâmetros especificados. Se as juntas forem projetadas com técnica, e executadas de maneira correta, permitirão que a união entre os metais e a solda propriamente dita se faça com modificação da estrutura cristalina, apresentando resistência mecânica final muito superior à da solda isoladamente, sem que ocorra a fusão dos metais a serem soldados. Também a transmissão de calor e de corrente elétrica se faz com bom desempenho através da junta soldada, o que permite sua utilização em trocadores de calor, componentes elétricos e circuitos eletrônicos [9]. Nas ligas de solda mais amplamente utilizadas, as ligas Sn-Pb, o Pb representa o elemento que dá fluidez à liga (facilidade de preencher o vazio das juntas a serem soldadas), e a molhabilidade (capacidade de entrar em contato com os metais-base e formar com eles ligas metálicas). O Pb serve como elemento de diluição para redução de custo, face ao seu menor valor comercial, mas também pode contribuir tecnicamente em alguns aspectos, como o de reduzir a temperatura de fusão para uma grande "família" de ligas, além de melhorar as propriedades mecânicas das juntas soldadas [10]. As ligas Sn-Pb formam um eutético simples com a composição aproximada de 63% de Sn e 37% de Pb, como mostrado na tabela I, o que significa que uma liga com essa composição se comporta como uma substância pura, com um ponto definido de fusão, no caso   183 °C. Esta é uma temperatura inferior a temperatura de fusão dos metais que compõem esta liga no seu estado puro (Sn 232 °C e Pb 320 °C), o que justifica sua ampla utilização na soldagem de componentes eletrônicos, onde o excesso de aquecimento deve sempre ser evitado. Todas as demais ligas Sn-Pb apresentam um intervalo de solidificação, ou uma faixa de temperaturas dentro da qual coexistem fase líquida e fase sólida, caracterizando-se um estado pastoso [11].

TABELA I – LIGAS PARA SOLDAS À BASE DE SN-PB

COMPOSIÇÃO QUIMICA			
Liga Sn / Pb	Dens. g/Cm³	Intervalo de Fusão °C	Aplicações
20 / 80	10,20	183 a 280	Soldagens por imersão
40 / 60	9,30	183 a 235	Trocadores de calor, calhas e motores elétricos.
60 / 40	8,60	183 a 189	Soldagem com ferro de soldar, circuitos impressos, componentes eletrônicos.
63 / 37	8,40	183	Eletroeletrônica, soldagem por onda em máquinas automáticas, por imersão e ferro de soldar.

Fonte: Adaptado de ARANHA, 2013 [11].

C. Características Elétricas

A estrutura eletrônica do Cu, Ag e do Au os tornam semelhantes em muitos aspectos: os três têm alta condutividade térmica e elétrica, e os três são maleáveis. Entre os metais puros na temperatura ambiente, o cobre apresenta uma condutividade ($58,0x106$ S/m) [11], tem a segunda maior condutividade elétrica e térmica, depois da prata, com uma condutividade de $62,9×106$ S/m. Este valor alto é devido à praticamente todos os elétrons na camada de valência (um por átomo) tomar parte na condução. O resultado são elétrons livres no montante de cobre para uma densidade de carga de 13,6×109 C/m3 [11]. Esta alta densidade de carga é que reduz a velocidade de deriva das correntes em cabos de cobre, onde a velocidade de deriva pode ser calculada como a relação entre a densidade da corrente de densidade de carga. A densidade de corrente é mostrada pela equação 1 e, portanto, a velocidade de deriva é mostrada na equação 2.

$$J = nev_d \qquad (1);$$

$$v_d = {J}/{ne} \qquad (2).$$

Onde n, é o número de elétrons; e, é a carga do elétron; J, é a densidade de cargas; v_d, é a velocidade de deriva. Um método simples para a determinação da condutividade elétrica de um metal ou uma liga metálica e baseada na sua geometria levando-se em conta o comprimento, a área da seção reta da amostra. Como resultado, a propriedade mais característica de um determinado material e independente de sua geometria e a resistividade , ρ , definida como sendo:

$$\rho = \frac{RA}{l} \quad (3).$$

Onde l é o comprimento, A a área da seção reta e R é a resistência elétrica que aumenta com o comprimento e diminui com a área da seção reta do material cuja unidade é $\Omega.m$ [11].

D. Métodos

Os estudos micro analíticos foram realizados em uma microsonda eletrônica da marca JEOL, modelo JXA/8900RL, do Laboratório de Microanálise do consórcio UFMG/CDTN, operando com feixe de elétrons sob tensão de aceleração de 15 kV, corrente de 1,2x10-10A e sob uma área aproximada de (100 x 100 μm). As análises foram assistidas pelas imagens de microscopia eletrônica de varredura e tomadas em diversas regiões da amostra. As amostras foram previamente preparadas e embutidas em resina e fixadas em um porta-amostra apropriado.

As soldas forma realizadas pelo processo manual com fundente à base de Sn-Pb (Tabela. I). As soldas brandas (liga Sn-Pb), como a utilizada não afetam os demais materiais que estão sendo soldados, pois sua temperatura de fusão é menor que a temperatura de fusão dos metais a serem soldados, neste ensaio um fio de Cu e um pino de latão (Cu-Zn) serão unidos, mantendo assim suas características físico-químicas [12].

A avaliação da resistência elétrica foi realizado utilizando-se um multímetro marca Agilent modelo 34401A $6\frac{1}{2}$ dígitos, de quatro fios, número de série MY41035588 com precisão de ± 0,0030% na função de medidor de resistência conforme manual do fabricante. O processo consistiu em soldar o pino a um fio e conecta-lo a um terminal, o ohmimetro é ligado de forma que possa ser compensada a resistência das pontas de prova conforme figura 5.

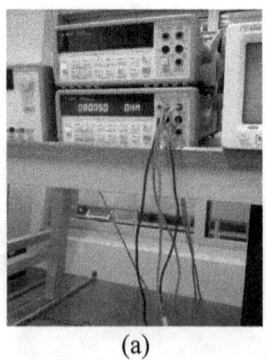

(a)

(b)

Figura 5 – (a) Ohmimetro ligado com as 4 pontas realizando a medida da amostra com banho de Ouro (Au).(b) Pino com banho de ouro (Au) sendo avaliado

A medida da resistência elétrica foi estimada conforme equação 3. Para esse cálculo foi medido o diâmetro do pino nas duas seções e o comprimento, e calculadas os respectivos valores de resistência elétrica para as seções do pino. A geometria dos pinos foi tratada associando resistores em série como pode ser visto na (figura 6). Para as medidas de comprimento e diâmetro dos pinos foi usando um paquímetro Diginess modelo 100.003 com exatidão de ± 0,05 mm, segundo dados do fabricante.

a) pino de latão   b) Resistência equivalente

Figura 6 – a) Desenho esquemático do pino, onde "a" é o diâmetro maior do pino, "b" o comprimento da parte de maior diâmetro, estas dimensões definiram o valor de Ra; "d" o diâmetro menor do pino e "c" o comprimento da parte de menor diâmetro. Estas dimensões definiram o valor de Rb – b) O circuito equivalente com os resistores Ra e Rb em série.

RESULTADOS E DISCUSSÕES

A. Caracterização Química e Microestrutural

As análises químicas composicionais realizadas na superfície e nos cortes transversais dos pinos revelaram que os mesmos apresentam arranjos estruturais distintos. O pino importado apresentou uma hierarquia estrutural composta por três regiões distintas (figura 7 (a)). Na superfície externa o pino foi recoberto por uma fina camada de ouro (da ordem de poucos microns), logo abaixo encontra-se uma subcamada de níquel que foi depositada sobre o cerne do pino que é à base de latão (liga de Cu-Zn). O pino de fabricação nacional mostrou uma arquitetura diferente com apenas duas regiões, o núcleo em latão com uma camada de revestimento em estanho (figura 7 (b)). Essas análises químicas composicionais foram realizadas em cada região e podem ser discutidas com base nas micrografias apresentadas nas figuras 8 e 9. Em linhas gerais os pinos importados e nacionais apresentam uma liga de latão similar com camadas de recobrimentos diferentes. A análise por energia dispersiva primeiramente foi realizada nas superfícies longitudinais dos pinos. Essas análises revelaram ouro e níquel

142

na superfície do pino importado (Figura 8(b)). Na mesma seção foi removido o recobrimento de ouro e níquel por abrasão e conduzida à investigação química novamente, os resultados mostraram a existência de cobre e zinco, confirmando a existência da liga de latão. Com o pino nacional foi empregada a mesma metodologia investigativa, os resultados foram muitos semelhantes para a região de abrasada, onde se verificou uma liga de latão (Figura. 9(b)).

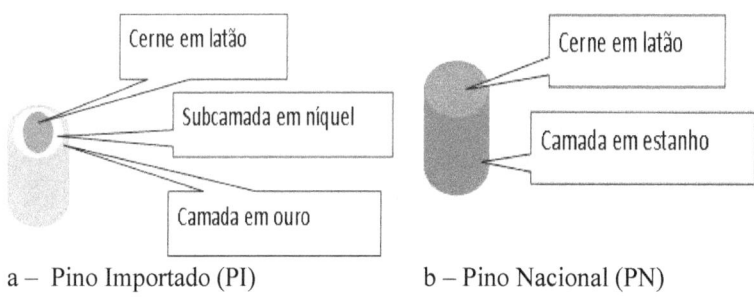

a – Pino Importado (PI)   b – Pino Nacional (PN)

Figura 7 – Estruturas hierárquicas dos pinos conectores. (a) O pino importado mostras três regiões distintas – o centro em liga de latão (Cu/Zn mais elementos traços de liga), uma subcamada de níquel envolvendo o cerne do pino e finalizando com uma fina deposição de ouro. (b) O de fabricação nacional revelou uma região nuclear em latão revestida por uma camada de estanho.

Contudo, na região longitudinal com recobrimento, evidenciou-se apenas a existência de uma camada de estanho. Com esta

143

investigação foi suficiente para entender que os pinos têm arquiteturas distintas e que sua solicitação em trabalho apresentará diferentes respostas. No entanto para uma melhor investigação foi preparada uma seção de corte transversal dos pinos. Essa seção revelara detalhes composicionais e de fazes metalúrgicas desses dois pinos. O pino de origem importada mostrou uma liga de latão com duas fases, que pode ser vista na figura 8(a). A fase cinza escuro é uma estrutura ligada de cobre-zinco com predominância do cobre, para a fase cinza claro além dos elementos de liga cobre-zinco encontra-se em pequenas quantidades estanho, e nessa fase o teor do elemento zinco é maior que na fase cinza escuro. As amostras selecionadas para o este ensaio foram marcadas externamente na cor vermelha.

Os pinos de produção brasileira constituem de uma liga de latão homogenia com apenas uma fase de elementos ligados (Cu-Zn) conforme figura 9 (a). Uma camada de alguns microns de estanho pode ser visualizada na figura 9 (b)

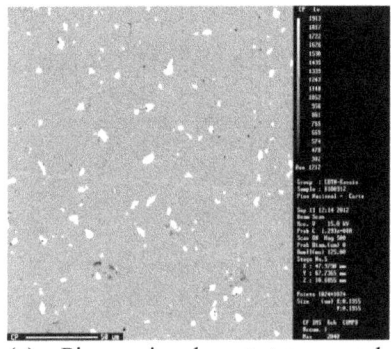 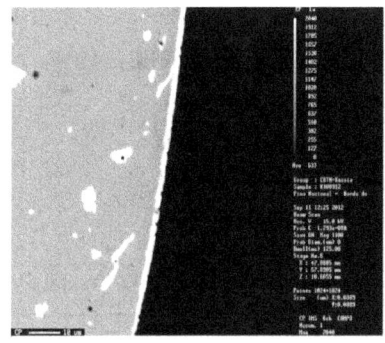

(a) – Pino nacional: corte transversal região central do pino.

(b) – Pino nacional: corte transversal região periférica do pino

Figura 9 – Micrografias da seção transversal do pino nacional, com ampliação de 500x e 1500x respectivamente. (a) Região de ocorrência da liga base do pino (latão Cu-Zn mais elementos de baixa liga). (b) Região periférica do pino onde se encontra a camada de recobrimento superficial de estanho (contorno claro na borda cinza).

B. Avaliação das Propriedades Elétricas

A mensuração da resistência elétrica visa avaliar a resistência elétrica de forma direta. Os ensaios formam realizados nos dois modelos de pinos existentes, o primeiro ensaio foi feito com o pino com banho de Au (importado) e o segundo com o pino com banho de Sn (nacional). Os resultados estão apresentados na tabela II.

TABELA II
MEDIDAS DE RESISTÊNCIA COM OS PINOS DO ENSAIO

Número de medidas realizadas	Pino revestido com Ouro. (Ω)	Pino revestido com Estanho. (Ω)
1	0,048	0,049
2	0,048	0,049
3	0,049	0,049
4	0,049	0,049
5	0,049	0,049
6	0,050	0,049
7	0,051	0,049
8	0,050	0,051
9	0,050	0,051
10	0,051	0,050
11	0,051	0,051
Média	0,0496	0,0496
Desvio Padrão	0,0011	0,0009

As medidas foram realizadas com intervalos regulares entre elas. O intervalo de tempo entre as medidas era fixo e de duração de 2 min. Os resultados revelaram não existir influências significativas na resistividade dos cabos soldados.

A variação está na sensibilidade do equipamento e isso torna análise de dados pouco relevante para as conclusões. Dessa forma, pode-se efetivar apenas uma avaliação que a composição química dos pinos e o processo de soldagem por brasagem com fundentes Sn-Pb não impactam os cabos de Oxímetros de Pulso. Novas caracterizações devem ser realizadas, dessa vez com equipamentos com maior precisão e resolução. Contudo espera-se que os resultados já elencados confirmem essa constatação.

Para validar o método de media utilizou-se da equação 3, para calcular a ordem de valor esperada para resistência elétrica de cada pino. Assim algumas considerações foram necessárias. A condutividade do latão usado é de 26%IACS. O IACS é definido segundo a norma *International Annealed Copper Standard* (IACS), adotada em praticamente todos os países, é fixada em 100% a condutividade de um fio de cobre de 1 metro de comprimento com 1 mm2 de seção e cuja resistividade a 20 °C seja de 0,01724 W.mm2/m (a resistividade e a condutividade variam com a temperatura ambiente). Dessa forma, esse é o padrão de condutividade adotado, o que significa que todos os demais condutores, sejam em cobre, alumínio ou outro metal qualquer, têm suas condutividades sempre referidas a aquele condutor. A tabela III ilustra essa relação entre condutividades. A tabela III pode ser entendida da seguinte forma: o alumínio, por exemplo, conduz 39,0 % (100 - 60,6) menos corrente elétrica que o cobre mole. Na prática, isso significa que, para conduzir a mesma corrente, um condutor em alumínio precisa ter uma seção aproximadamente, 60 % maior que a de um fio de cobre mole. Ou seja, se tivermos um condutor de 10 mm2 de cobre, seu equivalente em alumínio será de 10 x 1,6= 16 mm2 [13, 14].

TABELA III - CONDUTIVIDADE RELATIVA ENTRE DIFERENTES MATERIAIS

Material	Condutividade Relativa ACS(%)
Cobre Mole	100
Cobre Meio-Duro	97,7
Cobre Duro	97,2
Alumínio	60,6

A partir da condutividade do latão de15,08×106 S/m [12] e dos dados dimensionais dos pinos: a = 1,65 mm; b = 21,5 mm; c =

5,50 mm; d = 0,65 mm. $A = \pi \frac{d^2}{4}$, onde: A, área da seção reta do pino; d, raio do pino. Com esses dados e aplicando-se a formula do cálculo da área de um círculo foram obtidos os seguintes valores: A1 = 2,14 mm2 - A1 área da seção de maior diâmetro; A2 = 0,332 mm2 – A2 área da seção de menor diâmetro. A partir dos resultados e os comprimentos medidos calculou-se, usando a equação (3), os valores de Ra e Rb e por associação em série o valor da resistência do pino. A resistência calculada para o pino foi de 1,34 mΩ. O julgamento dos resultados experimentais e simulados converge para a mesma ordem de grandeza, indicando nuances entre os arranjos simulados e medidos para ambos os pinos. Embora o valor médio encontrado tenha sido igual, na precisão do instrumento para as duas amostras, o desvio padrão não apresentou essa igualdade. Na amostra do pino com banho de Sn o valor encontrado foi inferior do que a amostra com banho de Au, significando que o valor encontrado para o pino nacional está muito mais próximo da média dos valores medidos [12].

CONCLUSÃO

As análises químicas composicionais realizadas nos pinos revelaram que os mesmos apresentam arranjos estruturais distintos. O pino importado apresentou uma hierarquia estrutural composta por três regiões distintas. Na superfície externa o pino foi recoberto por uma fina camada de ouro, logo abaixo encontra-se uma subcamada de níquel que foi depositada sobre o cerne do pino que é à base de latão (liga de Cu/Zn). O pino de fabricação nacional mostrou uma arquitetura com apenas duas regiões, o núcleo em latão com uma camada de revestimento em estanho. A soldabilidade foi avaliada e a técnica de brasagem é a mais indicada por aporta menos calor e evitar variações microestruturais na liga de Latão. A solda branca (Sn-Pb) foi empregada por apresentar facilidades de preenchimento e fusão a baixa temperatura. A medida de resistividade elétrica foi conduzida por um equipamento de multímetro com 6½dígitos. Essa foi uma limitação na determinação da propriedade de interesse. Será necessário um multímetro de 8 dígitos. As medidas de resistência elétrica mostram que a variação está no limite do equipamento, dessa forma só foi possível uma avaliação qualitativa. Os resultados indicam que os pinos não sofreram com o aumento de resistividade após o processo de soldagem pino-filamento (Cu). E que a variação composicional dos pinos (nacional e importado) também não afetam a propriedade de interesse. Outra situação que corrobora para tais conclusões foi a simulação da resistência elétrica esperada para o conjunto pino-cabo. Os resultados mostraram estar em acordo com as medidas experimentais. De posse desse arcabouço de dados os fatos cominam para a substituição dos pinos importados para os de fabricação nacionais. Contudo há de considerar o desgaste e os processos corrosivos por par galvânico que poderão ao longo do tempo impor uma maior resistência elétrica para o pino nacional. Esse fato não é esperado para o importado devido seu recobrimento em ouro.

REFERÊNCIAS

[1] (apostila) Jacqueline Gisele Rolim disponível em http://www.labspot.ufsc.br/~jackie/cap3new.pdf: acessado em 25/08/2013 cap. 3

[2] Junior CLC. Cobre e suas Ligas, Universidade Federal do Paraná, Disponível em: <http://www.eletrica.ufpr.br/piazza/ materiais/Cesar Canata.pdf > acessado em: 23/09/2012.

[3] Procobre – Instituto Brasileiro do Cobre, Disponível em: www.procobrebrasil.org, acessado em: 23/09/2012.

[4] Soares, W. *Manual Soldagem de Cobre e Suas Ligas*, Oxigen Soldas Especiais, n4, p. 1-19, 2008.

[5] (fabricante) *Shokmetais*. Disponível em http://www.shockmetais.com.br/espec/plig/latao: acessado em 27/06/2013

[6] Barra SR, Disponível em http://sitedasoldagem.com.br /conceito%20basico/: acessado em 21/07/2013

[7] Dutra JC. Um Estudo da Eficiência Térmica dos Principais Processos de Soldagem a Arco, Mateus Barancelli Schwedersky,

[8] Fortes C. 2004 Metalurgia da Soldagem –ESAB Disponível em http://www.esab.com.br/br/por/Instrucao/apostilas/upload/ Apostila-Metalurgia-da-Soldagem.pdf acessado: 21/07/2018

[9] Modenesi PJ, Marques, PV Introdução ao Processo de Soldagem. Disponível em http://demet.eng.ufmg.br /wpcontent/uploads/2012/10/processo.pdf: acessado em 17/09/2013

[10] (handbook) *American Welding Society*. Welding - Welding Science and Technology. 9ª Edição. ed. [S.l.]: AWS, v. 1, 2001

[11] Shackelford, JF, 2008 - *Ciências dos Materiais* (livro). São Paulo SP: Person 2012 pp. 346-359

[12] Aranha Neto EAC., UFPR - Solda Estanho-Chumbo Aplicações na Eletrônica, pp 2-3 disponível em http://www.eletrica.ufpr.br/piazza/materiais/EdisonNeto.pdf: acessado em 17/072013

[13] IPCE - Industria de cabos – Introdução disponível em http://www.ipce.com.br/introducao.php: acessado em 14/09/2013

[14] (apostila) USP - curso de Eletrônica disponível em: http://www.demar.eel.usp.br/eletronica/aulas/Condutoreseletricidade.pdf: acessado em 14/09/2013

[15] Helfrick, AD, Cooper WD, 1994- Instrumentação Eletrônica Moderna e Técnicas de Medição (livro). Rio de Janeiro RJ cap. 1

Capítulo 5

Instrumento para gestão e calibração na Engenharia Clínica

Daniel Gomes de Moura

Robson José Durães

INTRODUÇÃO

Antes do surgimento do Aclin Check, os profissionais da engenharia clínica encontravam dificuldades operacionais e financeiras que limitavam sua atuação sobretudo em hospitais brasileiros de pequeno e médio porte [6]. Os instrumentos de calibração e testes de desempenho convencionais até então disponíveis no mercado foram desenvolvidos para foco em ensaios realizados em laboratórios de qualificação de produtos para a saúde de linhas específicas. Suas dimensões físicas são frequentemente incompatíveis para o transporte manual dentro dos hospitais, pois seu projeto se limita ao uso em bancadas e ambientes estáticos, como a planta de fabricação de equipamentos médicos [11]. Quanto às dificuldades financeiras, cada instrumento de calibração ou análise de produtos médicos requer investimentos elevados e normalmente proibitivos para a maioria das instituições de saúde que prestam atendimento direto aos pacientes. No contexto, a formação do próprio profissional de engenharia clínica e biomédica era prejudicada já que os centros profissionalizantes e universidades não dispunham de instrumentos abrangentes para as aulas práticas [3]. Os laboratórios oficiais de ensaios e certificação de produtos para a saúde eram em número reduzido e ofertavam um conjunto limitado de grandezas e de serviços de calibração [7]. Tal fato inviabilizava a popularização do acesso aos serviços rastreáveis aos padrões do sistema internacional e, desta forma, a confiabilidade e a performance dos produtos no pós-venda. Sem alternativas, pressionados pela vigilância sanitária e pelas organizações de acreditação hospitalar, as instituições de saúde recorreram aos serviços de manutenção de empresas que ofereciam certificados de calibração de equipamentos médicos, porém com falta de solidez metrológica. Essas empresas possuem interesse também na venda de peças, acessórios e equipamentos com lucro, já que as mesmas se posicionam como atravessadoras entre os fabricantes e o cliente final. Desta forma, a própria presença da engenharia clínica nas instituições de saúde tornou-se limitada, quer seja em amplitude de diagnóstico de causas raízes das falhas de equipamentos médicos, quer seja no próprio número de profissionais com formação mínima em termos científicos e tecnológicos.

O surgimento do Aclin Check pode ser classificado como inovação disruptiva [10]. Como instrumento nacional, é capaz de prover ensaios, testes e simulação para validar a performance de diversos equipamentos médicos encontrados em Estabelecimentos Assistenciais de Saúde (EAS) tais como hospitais, clínicas, redes de saúde e em estabelecimentos com grande movimentação de pessoas. Sua conexão com a plataforma de gestão de tecnologias permite integrar-se aos diferentes serviços relacionados à calibração e performance [8]. Ao ser lançado em 2017, na Feira Internacional de Produtos para a Área da Saúde, conhecida como Hospitalar, provocou enorme interesse entre os visitantes do evento pelo seu tamanho portátil, peso reduzido, grande número de funções e conectividade (Figura 1). Outra característica marcante do produto consiste em ser um laboratório biomédico de bolso, transportado preso ao cinto do profissional de engenharia clínica. Além disso, apresentou um novo modelo de negócios no qual se consome créditos por testes, tornando os investimentos mais acessíveis e adequados às empresas nacionais [12].

Figura 1 - Aclin Check

GESTÃO DE TECNOLOGIAS MÉDICAS COM A PLATAFORMA ACLIN

Em avaliação técnica realizada no Brasil usando equipamentos de teste e calibração somente para fototerapia,

157

bisturi de alta potência, cardioversor/desfibrilador, eletrocardiógrafo, monitor cardíaco e oxímetro de pulso, constataram-se que 44,6% foram reprovados quanto ao desempenho após a manutenção corretiva. Sob o planejamento de manutenção preventiva, 39,9% apresentaram riscos aos pacientes e aos operadores. Lucatelli (2003) mediu ainda que 10,5% dos equipamentos médicos novos foram reprovados antes utilização inicial [9]. Logo, a gestão de tecnologias médicas pelas engenharias clínicas necessita de recursos especializados em tempo integral.

O Aclin Check faz parte da plataforma de gestão de tecnologias em ambientes hospitalares. O sistema web "ACLIN CMMS EAM" utiliza a internet para o cadastro importação de ativos patrimoniais e também monitora a vida útil de cada ativo, analisa o inventário e realiza a programação das manutenções preventivas necessárias. O sistema satisfaz a regulamentação RDC 02/2010 e o Manual de Tecnovigilância do Ministério da Saúde (ANVISA) [1]. A programação resulta em ordens de serviços que são aplicadas com tarefas em listas de verificação (check-list) para cada equipamento médico do inventário. O check-list considera o princípio de funcionamento do equipamento alvo e as grandezas que devem ser mensuradas no ato da calibração. Através do aplicativo "Aclin Check", disponível para dispositivos móveis, as informações da plataforma são compartilhadas com o instrumento Aclin Check, que retorna as indicações que serão introduzidas em certificados de calibração ou de desempenho para satisfazer os requisitos normativos conforme Figura 2 [12].

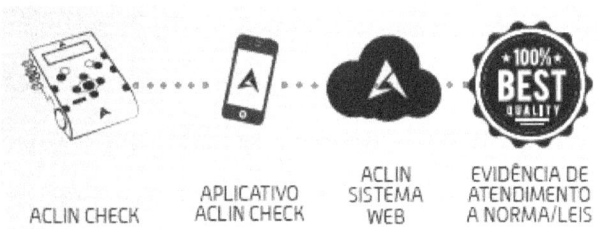

| ACLIN CHECK | APLICATIVO ACLIN CHECK | ACLIN SISTEMA WEB | EVIDÊNCIA DE ATENDIMENTO A NORMA/LEIS |

Figura 2 - Plataforma Aclin

CARACTERÍSTICAS DO ACLIN CHECK

O instrumento Aclin Check foi desenvolvido para ser o padrão nacional usado dentro dos EAS para calibração ou verificação de equipamentos médicos antes do uso conforme estabelece a ISO9001/2008 [13]. As grandezas físicas que fazem parte do sistema internacional de medidas (S.I.) estão embutidas no Aclin Check através das funções utilizadas para os testes dos equipamentos médicos. Segundo Albertazzi, existem sete unidades de base e as demais são derivadas. As grandezas de base são comprimento, massa, tempo, intensidade de corrente elétrica, temperatura termodinâmica, intensidade luminosa e quantidade de matéria [2]. Os laboratórios da Rede Brasileira de Calibração (RBC) apresentam serviços de certificação de acordo com a Capacidade de Medição e Calibração (CMC) relacionada às grandezas dos padrões disponíveis em suas instalações [2]. Todos os equipamentos biomédicos (EBM) que são passíveis de certificação de calibração valem-se das grandezas básicas e das derivadas e exibem as indicações para os operadores em unidades que podem ser diretas ou indiretas sob o ponto de vista metrológico. A tabela 1 retrata exemplos de grandezas, suas indicações em S.I. e unidades conversíveis ao S.I. utilizadas em EBM.

TABELA 1 - GRANDEZAS E UNIDADES USADAS EM EBM

Grandeza	Indicação S.I.	Indicação no EBM	EBM
Frequência	Hz	BPM	Eletrocardiógrafos, polígrafos,

	(1/s)	(60/s)	monitores cardíacos, monitores multiparâmetros, oxímetros de pulso...
Volume	m 3	l	Ventilador pulmonar, bomba de infusão, injetoras de contraste...
Pressão e tensão	Pa	mmHg cmH2O	Esfigmomanômetros, ventilador pulmonar, torniquetes, CPAP/BiPAP, ressuscitadores manuais, insufladores de CO_2, aspiradores cirúrgicos, bombas de infusão...
Temperatura	K	°C	Câmaras de conservação de hemoderivados, vacinas e de medicamentos; autoclaves, estufas, incubadoras neonatais e de teste bacteriológico, berços aquecidos, monitores multiparâmetros, termômetros clínicos, termohigrômetros, banhos-maria, termoblocos, aquecedores de CPAP, colchões térmicos, ...
Intensidade de corrente elétrica	A	A	Segurança elétrica em todos os EBM conforme normas IEC 60601 e IEC 62353, marca-passos externos, eletro estimuladores, ..
Intensidade Luminosa	Cd	Lux (Cd/ m 2)	Fontes luminosas para laparoscopia, endoscopia, focos cirúrgicos, negatoscópios, monitores LCD/CRT/LED usados em imagens médicas, microscópios, ...
Diferença de potencial elétrico	V	V (m2.kg.s-3. A-1)	Monitores cardíacos, eletro estimuladores fisioterápicos, desfibriladores/DEA, Eletroencefalógrafos, BIS (Índice bioespectral), ...

Potência	W	W (VxA)	Bisturi elétrico de grande porte, unidade eletrocirúrgica de pequeno porte, wattímetros, ...
Energia, trabalho e quantidade de calor	J	J (W/s)	Cardioversores/desfibriladores, AED/DEA, Jaulímetros ...

Dada a sua CMC, os laboratórios da RBC podem ofertar os serviços de calibração dos EBMs e dos instrumentos de medição, dotando-os assim de rastreabilidade aos padrões internacionais.

DESCRIÇÃO DAS FUNÇÕES DO ACLIN CHECK

Conforme mostrado na tabela 1, o Aclin Check reúne grandezas exibidas pelos EBM para rápida verificação ou calibração in loco, ou seja, no local no qual os EBM estão sendo utilizados. De acordo com o manual de operação, há quatro configurações de funções de acordo com o tipo de EAS a ser atendido [8].

A configuração Aclin Check Starter é dimensionada para atendimento de pequenas clínicas, postos de saúde e unidades de pronto atendimento (móveis ou não). Serviços de

162

Atendimento Móvel de Urgência (SAMU) e redes municipais ou privadas podem ter a calibração ou verificação de seus EBM por meio de atendimento técnico provido por transporte próprio e acessível, tais como motos e veículos comuns. Nestes casos, a engenharia clínica é centralizada e conta com número reduzido de profissionais que se deslocam para atendimento de toda a rede. As funções incorporadas na configuração Starter permitem verificar EBM típicos de carros de emergência: ressuscitadores manuais (conhecidos como ambu), ventiladores pulmonares ciclados à pressão e voltados ao transporte de pacientes, cardioversores / desfibriladores / DEAs, esfigmomanômetros, pequenos aspiradores cirúrgicos, nebulizadores e termômetros. Também oferece testes em estufas, banhos-maria, câmaras de conservação de vacinas e sangue e bisturis de baixa potência usados em consultórios ginecológicos e pequenas cirurgias, por exemplo.

A configuração Aclin Check Professional é dimensionada para hospitais de baixa complexidade tecnológica, nos quais já existe um profissional de nível superior responsável pela gestão de tecnologia. Ela engloba as funcionalidades da

163

configuração Starter além de permitir a realização de medidas em Watt em unidades eletro cirúrgicas de maior potência e a realização de ensaios de segurança elétrica em busca de correntes de fuga indesejáveis em micro ampéres.

Para hospitais de média complexidade tecnológica, que detém EBM tais como fototerapia neonatal, centros de esterilização de material cirúrgico, operações laparoscópicas e procedimentos endoscópicos, a configuração recomendada é a Aclin Check Enterprise. Essa configuração oferece luxímetro, radiômetro e condutivímetro incorporados além da configuração Professional, assim como testes completos para a simulação não invasiva de concentração de oxigênio no sangue.

Para EAS de alta complexidade, nos quais há interesse da alta direção em excelência nos serviços prestados aos pacientes através de investimentos na independência e otimização dos serviços de engenharia clínica, a configuração recomendada é Aclin Check Ultimate. Essa configuração, nas mãos de engenheiros biomédicos ou clínicos treinados, pode permitir a previsão de desgastes em equipamentos de imagem que usam radiação ionizante, tais como aparelhos de raios-x fixos ou móveis, arcos cirúrgicos, tomógrafos, intensificadores de imagens e hemodinâmicas/angiografias. Também permite realizar a verificação preditiva de bombas de infusão em busca de falhas que poderiam culminar com acidentes aos pacientes, acionando o fabricante ou fornecedor para que ações mitigantes sejam implementadas tão logo possíveis e a qualidade do serviço seja preservada.

EXEMPLOS DE APLICAÇÃO DO ACLIN CHECK

O Aclin Check está para o engenheiro biomédico ou clínico assim como o multímetro portátil para o profissional de engenharia. Devido ao peso reduzido e amplitude de funcionalidades, o Aclin Check pode ser enviado pelo sistema de correio para qualquer lugar do mundo. Seu uso ocorre atualmente tanto em meio à selva amazônica, em locais de difícil acesso, quanto na região Sudeste do Brasil. Já está sendo usado na prestação de serviços de engenharia clínica por empresas especializadas com visão inovadora ou por equipes de EAS que visam reduzir custos operacionais e duplicar sua produção técnica a partir da equipe existente.

Por sua praticidade, o Aclin Check é ideal para verificar EBM antes do uso localizados não somente em EAS tradicionais, clínicas e redes de saúde, mas em hospitais alocados em aeronaves capazes de viajar por todo o mundo, hospitais militares e em tendas improvisadas em situações de guerra ou de catástrofes naturais, assim como missões tais como Médicos Sem Fronteiras e Cruz Vermelha [14]. Como possível uso está ainda a colonização espacial futura de outros planetas, nas quais será importante considerar o peso da carga em viagens espaciais. A criação de estabelecimentos médicos dedicados ao diagnóstico de astronautas em solos extraterrestres demandará cargas mais leves, com comunicação de dados para a NASA ou outras agências especiais. Neste contexto, o Aclin Check poderá ser usado para validar os sistemas de suporte de vida e outros EBM.

CONCLUSÃO

Desde 2003, riscos aos pacientes e profissionais de saúde foram evidenciados na gestão de tecnologia médica. Os esforços para prevenção dos riscos levaram as agências de vigilância sanitária e organismos de acreditação hospitalar a exigir calibração ou certificação conforme estabelece a ISO9001/2008. Na busca por atender aos requisitos de qualidade e diante da falta de tradição da Rede Brasileira de Acreditação (RBC) para serviços in loco na área da saúde, os EAS encontraram nas empresas de manutenção e engenharia clínica os meios terceirizados para a obtenção dos certificados de calibração que necessitavam. As empresas, por sua vez, passaram a adotar padrões até então utilizados nas bancadas da indústria biomédica. Dada a natureza dos padrões, os investimentos para seu uso e compartilhamento com os clientes hospitalares in loco incorre em alto custo, tanto financeiro quanto operacional. Tal custo inviabilizava a adoção pelos próprios EAS de plataforma independente de gestão de tecnologias, limitava a formação e posterior contratação de profissionais de engenharia clínica ou biomédica para sua gestão interna e implicava em monitoria deficiente por parte da empresa ao contemplar, muitas vezes, apenas a manutenção preventiva e a calibração de parte dos ativos ao longo da prestação de serviços.

O advento do Aclin Check e de sua plataforma permitirá que os EAS invistam em equipes próprias ou terceirizadas para o atendimento de grande parte das tecnologias médicas, com monitoria independente dos riscos e com custos controlados. Neste cenário, resgata-se a percepção do papel dos laboratórios da RBC e fomenta-se o desenvolvimento de sua atuação quanto aos padrões de calibração atualmente existentes no mercado tendo em vista a prática metrológica e a rastreabilidade dos certificados emitidos para a área de saúde, além de estimular a formação de novos engenheiros clínicos e biomédicos para atuação em equipes internas in loco nos EAS. Redefine-se assim a relação entre os EAS e as empresas de serviços terceirizados de engenharia clínica e manutenção tendo em vista a verificação e calibração como meios próprios de fiscalização da qualidade dos serviços prestados.

Estima-se que o custo atual em serviços de calibração pode ser reduzido. A disponibilidade de EBM confiáveis, com segurança ao paciente e aos profissionais de saúde, pode ser potencializada por implantação de engenharias clínicas bem equipadas, com possibilidade de economia em até R$ 7 milhões de reais [5].

REFERÊNCIAS

[1] ANVISA. Manual de Tecnovigilância: Abordagens de Vigilância Sanitária de Produtos para a Saúde Comercializados no Brasil. Brasília: Ministério da Saúde, 2010.

[2] Albertazzi & Armando. *Fundamentos de Metrologia Científica e Industrial*. Barueri: Manole, 2008.

[3] Andrade AJDA Importância da Calibração de Equipamentos Eletromédicos. Monografia. 2009.

[4] Inmetro. Portaria número 54. Ministério de Desenvolvimento, Indústria e Comércio Exterior.2016.

[5] Souza DB, Milagre ST, Soares AB. Avaliação Econômica da Implantação e um serviço de Engenharia Clínica em Hospital Público Brasileiro. *Revista Brasileira de Engenharia Biomédica.* Vol. 28, num. 4, .237-336, 2012.

[6] Netto, EJ. Técnico em Equipamentos Médico-hospitalares. RBE. Vol.6, núm. 2, 1989.

[7] Problemas de Rastreabilidade de ensaios em equipamentos eletromédicos. Site: www.inmetro.gov.br/docs/vlamir. Acesso em: 25/12/2017

[8] ACLIN. Manual de Operação Aclin-Check Versão 4. Belo Horizonte: 2016.

[9] Lucatelli MV. et al. *Engenharia Clínica e a Metrologia em Equipamentos Médicos*. Recife: SMB, 2003.

[10] Davila, Epstein, Shelton. As Regras da Inovação. Wharton School-Bookman, 2007.

[11] Produtos Fluke Biomedical. Site: http://www.flukebiomedical.com/biomedical/usen/Products/d efault.htm. Acesso em 27/12/2017

[12] Lançamento do Aclin-Check na Hospitalar. Site: www.aclin.com.br. Acesso em 27/12/2017

[13] Maranhão M. ISO série 9000, versão 2000. Manual de Implementação. 8ª edição - Rio de Janeiro: Qualitymark Ed., 2006.

[14] Hospital Oftalmológico montado dentro de avião visita países pobres. Site: http://m.folha.uol.com.br/equilíbrioesaude /2014/10/1534990-hospital-oftalmologico-montado-dentro-de-aviao-visita-paises-pobres.shtml. Acesso em: 27/12/2017.

[15] Cardiovascular Health. Site: ttps://www.nasa.gov/content/ medical-and-clinical. Acesso em: 27/12/2017

Capítulo 6

Filtros Adaptativos e Transformadas Wavelets em Eletrocardiogramas: Oportunidades de Pesquisas Multidisciplinares

Gilberto Mendes

INTRODUÇÃO

Os sinais de ECG são vestígios da atividade elétrica que corresponde ao comportamento de cada fase dos movimentos do coração. São obtidos através de 3 ou mais eletrodos colocados em contato com a pele do paciente, por onde são captados pulsos de tensão de intensidade muito baixa, mas com características dominantes que permitem separá-los dos ruídos. Tais características e suas associações com uma gama ampla de irregularidades no funcionamento do coração (diagnóstico) têm sido estudadas a mais de cem anos. A tendência de se evoluir o sistema de ECG para uso portátil cria novos desafios para os engenheiros biomédicos que se especializam em filtrar os sinais elétricos usando processamento digital.

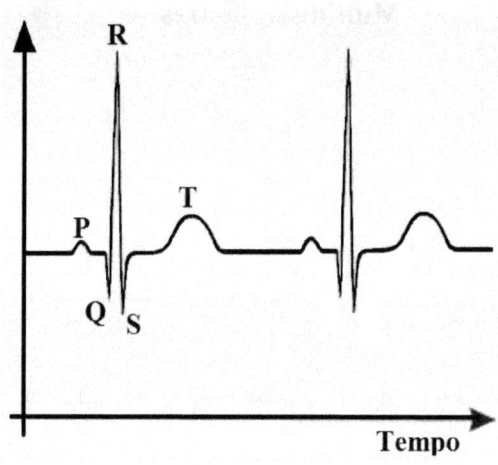

Figura 1 - Pulso típico de ECG de um paciente saudável

A observação da forma típica do pulso elétrico que corresponde a cada batimento cardíaco mostra uma variedade de contornos presentes no mesmo (Figura 1). Este sinal tem amplitude tão baixa que os ruídos sempre estarão presentes, muitas vezes mascarando visualmente alguns dos os contornos que "contém" a informação desejada [2, 11, 17].

172

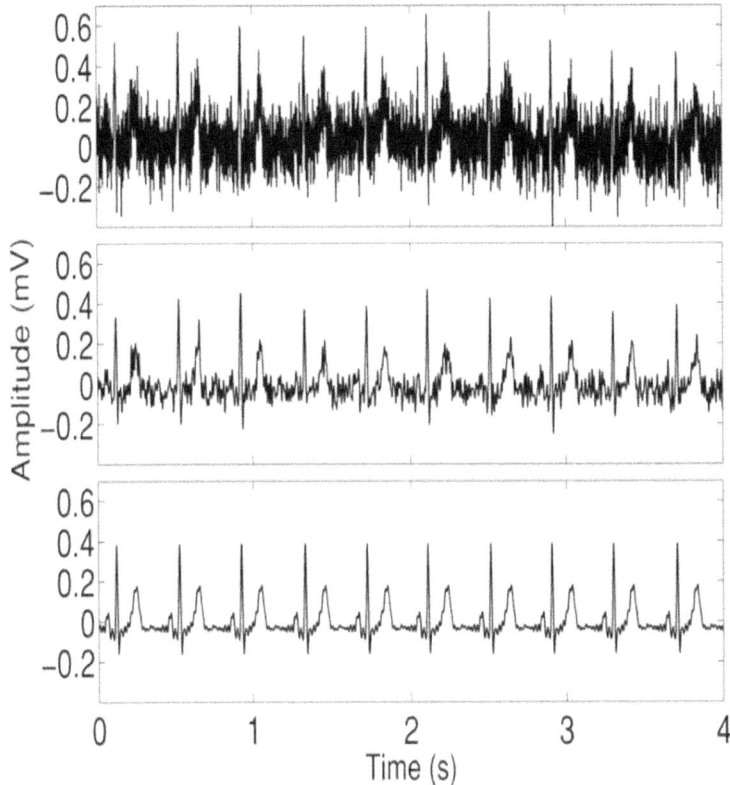

Figura 2 - Pulso de ECG real, nos eletrodos, com ruídos (acima), depois dos filtros analógicos (no meio) e depois de filtragem digital adaptativa (abaixo)[28]

Depois de serem captados pelos eletrodos, estes sinais passam por um estágio de pré-amplificação de alto ganho e em seguida por filtros analógicos específicos, que contemplam as interferências conhecidas. Para esta etapa analógica e a seguinte, de conversão de analógico para digital, podem ser usados circuitos de mercado que trazem quase tudo integrado, como o AD8232 da Analog Devices e o ADS1293 da Texas Instruments [3, 4, 5]. Um exemplo de filtros específicos é um rejeita-faixa centrado em 50Hz ou 60Hz (dependendo da frequência da rede elétrica local), pois o corpo humano capta estas frequências presentes em qualquer construção. Os ruídos aleatórios que restarem não são separáveis por filtros analógicos (Figura 2), exigindo assim o emprego dos filtros digitais adaptativos. Os parâmetros que definem a atuação destes filtros serão alterados muitas vezes por segundo, via software de microcontroladores e DSP's (*Digital Signal Processor*, Processador Digital de Sinais).

REQUISITOS E RECURSOS PARA PESQUISAS SOBRE SISTEMAS DE ECG

Enquanto a captação dos sinais de ECG era limitada ao uso em hospitais e consultórios médicos, os incômodos gerados eram bem aceitos, por exemplo, ao se fixarem eletrodos com ventosas, aplicando gel que melhora a condutividade, e a possível necessidade de se depilar o local.

Os sistemas de ECG que permitem monitorar o coração de maneira contínua (um holter, por exemplo) exigem que sua fixação no paciente seja facilitada e menos agressiva (ou minimamente invasiva). A criação de sistemas de ECG mais portáteis e com menor custo tende a resultar em diminuição da qualidade do sinal (isto viabiliza um aparelho de monitoração de enfermos em casa). Desta forma, surge a necessidade de investigar alternativas mais eficazes para o processamento dos sinais. Há também fontes de interferências e imprecisões mais variadas, fora dos ambientes médicos.

O pulso QRS deve ser tratado de forma diferenciada, com relação às porções P e T (Figura 1). Este pulso principal com um pico pronunciado e mudanças bruscas (curta duração), o que obriga a um cuidado maior na amostragem, exigindo mais pontos para capturar seus detalhes do que o restante do sinal [27]. Um filtro digital composto deve ser capaz de tratar de forma independente cada porção do sinal, o que é viabilizado por algum algoritmo de separação em componentes [11, 22].

Posteriormente, cada porção do sinal passa por um filtro adaptativo individual e em seguida as partes são recolocadas em seus lugares (recomposição do sinal).

As técnicas de filtragem que serão vistas a seguir têm em comum uma complexidade de entendimento e de implementação que devem ser vistas como bons desafios, pois os resultados são diretamente visualizáveis em sinais de ECG mais limpos sem perder as características que determinam os diagnósticos dos médicos. Todas elas envolvem equações matriciais e, inevitavelmente, inversões de matrizes, que aparecem ao manipular as equações visando isolar as variáveis buscadas. A avaliação da ordem de complexidade necessária a um filtro adaptativo equivale ao modelamento de curvas, como no caso de um polinômio de terceiro grau ser necessário para modelar uma curva com duas inflexões, mais complexo que o polinômio de segundo grau correspondente a uma curva com uma inflexão, a famosa parábola. O número de operações matemáticas (adições e multiplicações) usadas nas inversões das matrizes cresce proporcionalmente ao quadrado da ordem dos filtros, pois são matrizes quadradas. Daí vem a necessidade de se dedicar às pesquisas sobre as arquiteturas de processadores e algoritmos que sejam mais eficientes na inversão de matrizes, primordialmente (e técnicas que usem menos inversões).

Estes recursos matemáticos que exigem grande desempenho de cálculo pelo processador utilizado têm como consequência direta um consumo maior de energia. No caso do desenvolvimento de equipamentos alimentados a bateria, haverá um compromisso entre poder de cálculo, custo dos eletrodos (menor qualidade = mais cálculos) e o peso do equipamento (diretamente relacionados com o tamanho da bateria). Isto atesta parcialmente o caráter multidisciplinar do tema.

Um importante requisito para quem investiga a melhoria dos sinais de ECG, é o acesso a bases de dados de amostras dos sinais de ECG, de pessoas saudáveis ou não, destacando-se a MIT-BIH ECG (PhysioNet) [6], além de outras menos referenciadas, que podem ser encontradas em [7]. Estas bases são essenciais para que se obtenham contribuições científicas verificáveis, por comparação com outros semelhantes. O uso das bases de dados garante as mesmas condições de captação dos sinais, mantendo o foco na metodologia de filtragem digital.

DETALHAMENTO DE FILTROS DIGITAIS

Os filtros digitais têm uso crescente desde a popularização de circuitos integrados. Filtros de média móvel e outros de parâmetros fixos eram construídos com circuitos digitais discretos. Posteriormente passaram a ser programáveis (software) com o advento dos microprocessadores na década de 1970 e tomaram um grande impulso quando surgiram os DSP's. Os filtros definidos em software possibilitam que se alterem suas características de tempos em tempos, baseado em uma medida estatística de alguma variável ou combinações entre elas [29].

Estes filtros são chamados de adaptativos quando podem ter alteradas as suas frequências de corte, sua seletividade e seu ganho, seguindo a um critério de desempenho, por exemplo, a atenuação de ruídos aleatórios. A medida estatística neste caso é a variância do sinal da saída de ECG. Ela é calculada para indicar em qual direção se devem alterar os parâmetros do filtro. Se a variância tender a diminuir (derivada negativa) em resposta a uma variação escolhida em um parâmetro do filtro, o algoritmo continuará a variar este parâmetro na mesma direção. Se a variância estiver aumentando a cada iteração (derivada positiva), a mudança do parâmetro deverá ser feita em direção contrária. Como as mudanças são feitas independentemente em cada parâmetro do filtro, pode ser intuído que serão usadas derivadas parciais desta variância do sinal de saída de ECG, com relação a cada um dos parâmetros do filtro. Desta forma se ajustará o filtro com o objetivo de manter o sinal desejado e eliminar os ruídos aleatórios. Os critérios de adaptação variam com a natureza do problema enfrentado, não se limitando a se balizar pela medida da variância do sinal.

Os mencionados algoritmos de separação dos sinais em porções coesas possibilitam o tratamento independente de cada parte do sinal (Figura 1) com sua especificidade, o que leva a uma melhoria expressiva nos resultados. Um exemplo pode ser visto em [9] onde é proposto um método para a extração do ECG de um feto, que vem misturado com os sinais da mãe, nos eletrodos. É feita a separação com base em

Wavelets com faixas de frequências e resoluções crescentes. Os filtros adaptativos que se seguem em cada segmento são simples, do tipo "mínimos quadrados" (LMS). Posteriormente é empregado um algoritmo de filtragem de ruído espacialmente seletivo (SSNF), onde os sinais abdominais e os sinais torácicos da mãe têm seus segmentos selecionados usando a variância de cada segmento como critério. Ao final, as ondas são reconstruídas por Transformada Wavelet Inversa (IWT) usando apenas os segmentos de maior variância para obter uma estimativa menos poluída do ECG fetal. Há uma expressiva melhora na detecção dos picos R superpostos aos do ECG materno.

Outros algoritmos de separação de uso difundido são o PCA, a Transformada Wavelet (detalhados adiante) e o SVD ("Singular Value Decomposition" = Decomposição em Valores Singulares) [8], não tão utilizado isoladamente na sua concepção original para o tratamento dos sinais de ECG.

Resumindo, a segmentação permite eliminar as redundâncias e simetrias de um sinal antes de reconstruí-lo (considerando modelos de menor complexidade que não incluem os ruídos)

[10]. Isto segue um caminho semelhante às soluções adotadas quando um modelo matemático não linear é substituído por um linear, na íntegra ou em partes da sequência de estimação de parâmetros (estratégia fundamental dos filtros de Kalman para acelerar os cálculos sem perder a capacidade de adaptação).

A. O Filtro de Kalman

É um método matemático criado com o propósito de utilizar medições de um sinal realizadas ao longo do tempo, contaminadas com ruído e outras incertezas e gerar resultados que se aproximam iterativamente dos valores reais das grandezas medidas e dos valores associados [13].

O Filtro de Kalman produz estimativas dos valores medidos e, a cada iteração, as confronta com os valores reais. As incertezas (variâncias) dos dois valores são usadas para este balanço. Calculando uma média ponderada entre o valor predito e o valor medido, atribuindo um peso maior ao que apresentar menor incerteza, as estimativas geradas pelo método tendem a permanecerem mais próximas dos valores reais que as medidas originais ruidosas. O resultado da média ponderada se localiza entre o estado predito e o estado medido, apresentando sempre uma menor incerteza do que qualquer um dos dois considerados separadamente.

Este processo é repetido a cada passo de tempo, com a nova estimativa do sinal e de sua variância gerando a predição usada na próxima iteração. Isto significa que este filtro adaptativo funciona recursivamente e requer apenas a última estimativa - não o histórico completo - do estado de um sistema para calcular o próximo estado e as estimativas auxiliares [26].

As combinações dos Filtros de Kalman com técnicas de segmentação são muito recorrentes na literatura e em projetos em desenvolvimento [23, 24] porque conseguem lidar com modelos de sinais não lineares, mesmo com a presença de ruídos, conseguindo "limpar" os sinais, sem necessitar de utilizar os altos custos computacionais de filtros ótimos mais complexos.

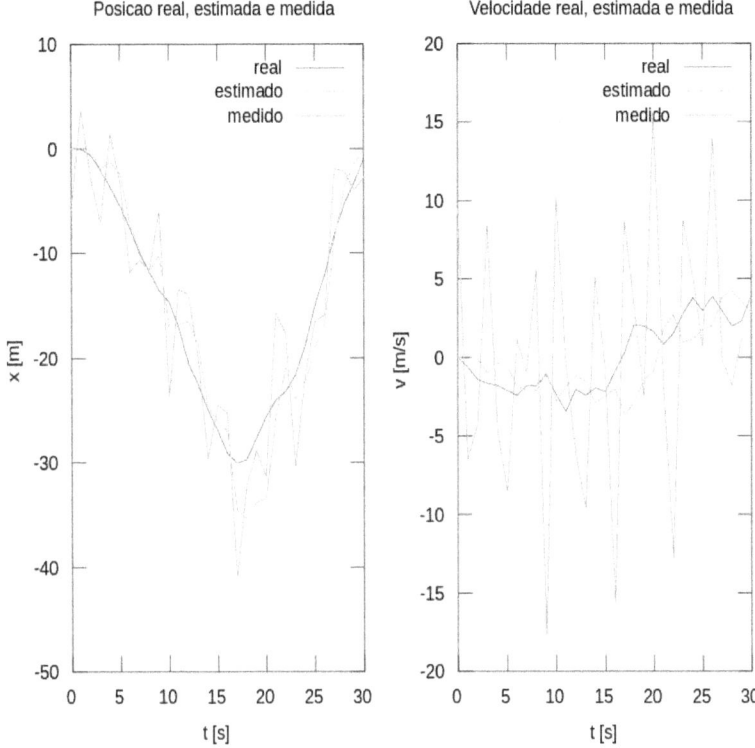

Figura 3 - Exemplo de resultados do para o filtro de Kalman. A estimativa utilizando o filtro apresenta menos ruído e se aproxima mais do valor real que as medições de um GPS. A obtenção da velocidade (à direita) a partir da diferenciação da medição ruidosa de posição (à esquerda) contém um efeito muito significativo de amplificação de ruído, e o filtro de Kalman minimiza este efeito [13].

183

B. O Algoritmo PCA

A Análise de Componentes Principais, ou *Principal Component Analysis* (PCA) é um algoritmo de segmentação que utiliza uma transformação ortogonal (ortogonalização de vetores) para converter um conjunto de observações de variáveis (possivelmente correlacionadas) em conjuntos de valores não correlacionados, chamadas de componentes principais [25]. O número de componentes principais é menor ou igual ao número de variáveis originais. Esta transformação é definida de forma que o primeiro componente principal (Figura 4) tem a maior variância possível (ou seja, é responsável pelo máximo de informações sobre a natureza dos sinais), e cada componente seguinte, por sua vez, tem a máxima variância sob a restrição de ser ortogonal (ou seja, não correlacionado com os componentes anteriores) [12].

A PCA é uma técnica estatística que consegue então condensar a informação de um grande conjunto de variáveis correlacionadas em um número bem menor variáveis, combinadas com pesos progressivamente ajustados de modo que se tornem mutuamente não correlacionados. Uma vez que os primeiros componentes têm maior importância, eles são retidos para filtragem posterior (reduzindo assim a dimensionalidade), por exemplo, usando filtros de Kalman [24].

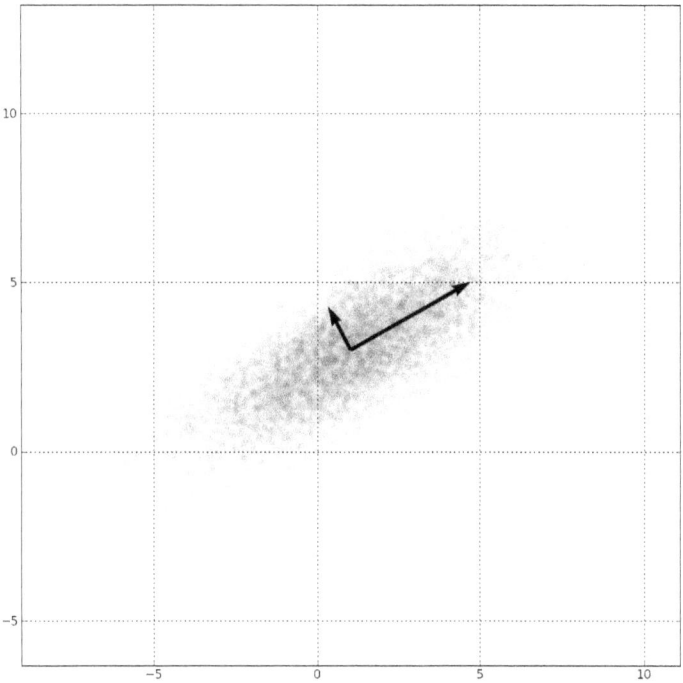

Figura 4 - Exemplo de PCA de uma distribuição Gaussiana multivariada centrada em (1,3), com um desvio padrão de 3 (aproximadamente) na direção (0.878, 0.478) e desvio padrão 1 na direção ortogonal [12].

C. Transformada Wavelet

As transformadas Wavelet têm a capacidade de analisar uma função em diferentes escalas de frequência e de tempo e tem suas variantes contínua e discreta. Graças à capacidade de decompor as funções tanto no domínio da frequência quanto no domínio do tempo, as funções wavelet são ferramentas poderosas de processamento de sinais, muito aplicadas na compressão de dados, eliminação de ruído, separação de componentes no sinal, identificação de singularidades (SVD), detecção de auto-semelhança, e muitos outros [15].

As transformadas de Fourier e outras tantas buscam uma aproximação de uma função originalmente descrita no domínio do tempo. Para isto usam um conjunto de sub-funções simples e independentes (ortogonais) que somadas resultam em uma aproximação do original, tão boa quanto se necessite. As componentes de Fourier são sempre funções senoidais, com frequências múltiplas de uma principal, mas com amplitudes variáveis. Na análise de Fourier podemos extrair apenas informações sobre o domínio da frequência, mas não podemos saber "quando" no tempo acontecem essas frequências que estudamos. As transformadas Wavelet usam uma série de "funções componentes" que permitem eleger janelas de tempo variáveis e associar diferentes resoluções de frequência para cada janela de tempo. O conjunto de funções componentes, a família-wavelet, é obtido a partir de uma wavelet-mãe. Existem famílias-wavelet mais favoráveis para cada tipo de aplicação, mas há uma tendência a se usar um número limitado destas famílias, para favorecer os estudos comparativos entre os trabalhos da comunidade científica global.

As Transformadas Wavelet têm sido amplamente investigadas como solução adequada aos sinais do tipo de ECG, por discriminar as diversas partes de um pulso cardíaco e processar cada uma com uma resolução em frequências localizada, por ocuparem faixas do espectro característico, bem particulares (torna-se possível aproveitar da simplicidade dos filtros de banda estreita no tratamento de sinais de banda larga).

Para usar as Transformadas Wavelet em aparelhos digitais de ECG, deve ser implementada a versão apropriada para sinais já convertidos de analógico para digital, a DWT (*Discrete Wavelet Transform*). A maneira mais comum de se calcular a DWT é através da aplicação de bancos de filtros (Fig. 5) onde os filtros determinados pelos coeficientes "h" correspondem a filtros passa-altas e os filtros "g" são filtros passa-baixas. Todos eles são seguidos pela divisão por 2 da taxa de amostragem (na transformada inversa é feita a conversão para o dobro). O resultado é decomposição hierarquicamente organizada. Pode-se escolher o nível de decomposição com base em uma frequência de corte desejada.

A DWT da figura tem três níveis. O sinal de entrada, "x", é recursivamente decomposto em um total de quatro sinais de sub-banda. O sinal mais alto na figura, de nível 3, com o mais baixo nível de detalhamento da função original (pois passou apenas por filtros passa baixas em todo o percurso) e três sinais mais detalhados, mas em três resoluções diferentes (pois estão em diferentes níveis da decomposição). Após passar o sinal de ECG por uma sequência de decomposições discretas, o pulso QRS (o principal) poderá ser localizado em um destes níveis, com a vantagem de se poder escolher a resolução do espectro de frequências mais adequada. Em seguida, o sinal escolhido passa por um filtro adaptativo adequado a este tipo de pulsos que elimina seus ruídos do tipo aleatório. Em outros pontos do banco de filtros serão extraídos os pulsos P e T, passando por filtros adaptativos específicos também. Ao fim deste processo, os sinais já filtrados individualmente de maneira otimizada serão reunidos novamente respeitando suas posições no tempo, usando o processo de Transformada Inversa Discreta de Wavelet (IDWT), não representada na figura, por ser simétrica (várias entradas, uma saída) [14].

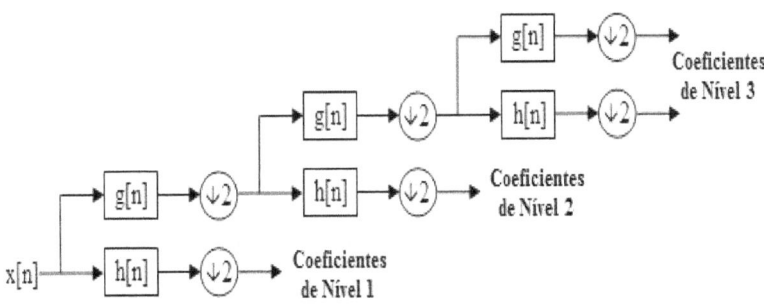

Figura 5 - Bancos de Filtros, empregados na Transformada Wavelet Discreta[14].

D. Redes Neurais Temporais como Filtros Adaptativos

189

As Redes Neurais consistem de várias camadas de neurônios interligados onde cada neurônio faz uma soma com pesos das entradas e depois aplica uma função de processamento linear ou não-linear. Quando se incluem linhas de atraso entre as entradas dos neurônios da 1a camada, o conjunto se comporta como um filtro digital básico, conhecido como FIR, onde os parâmetros do filtro (adaptáveis) equivalem aos pesos sinápticos das entradas de um neurônio (alterados em fase de treinamento, ou aprendizado) [7].

Esta equivalência permite um entendimento rápido do que se trata um filtro adaptativo, para quem já lidou com redes neurais. Isto permite reusar as bibliotecas de software desenvolvidas para as mesmas, tanto em aplicativos de simulação, quanto nas soluções implementadas em hardware. Muitos utilizam as redes neurais sem necessariamente entender suas validações teóricas (estatísticas), bem no estilo caixa-preta. Isto diminui os custos de engenharia, fator essencial na viabilização de produtos finais. De forma semelhante, acelera algumas etapas de projetos de pesquisa acadêmica.

Existe um atrativo significativo para o uso das redes neurais, que é o fato do cérebro ser essencialmente um computador massivamente paralelo. Cada neurônio faz dez cálculos por segundo, mas o conjunto é rápido por serem bilhões de neurônios, trilhões de pesos sinápticos (parâmetros). Esta é uma forma de acelerar os cálculos, já utilizada em muitas áreas, valendo-se da integração crescente de muitos processadores simples (por serem especializados), em paralelo, em um único circuito integrado.

ARQUITETURAS DE COMPUTAÇÃO PARALELA

A implementação das operações de adaptação de parâmetros em tempo real pode atingir um custo computacional inviável para equipamentos portáteis. Não há falta de processadores rápidos e de compactos, mas pesa o fato de que exigem alto consumo de energia, dificultando a alimentação por baterias. Torna-se essencial a busca por arquiteturas computacionais com maior eficiência energética, características encontradas nos processadores em paralelo configuráveis em circuitos integrados conhecidos por FPGAs [17, 18].

Existe uma grande variedade de soluções para aceleração dos cálculos envolvidos nos filtros digitais adaptativos (principalmente as inversões de matrizes necessárias até no mais simples algoritmo LMS). Todas elas passam pela distribuição das tarefas entre os vários processadores disponíveis e que operam em paralelo. Um fator crítico é o tempo gasto na movimentação dos dados dentro do sistema, ou a distribuição de tarefas parciais. Ao final, "n" processadores não dão um fator de aceleração igual a "n", excetuando-se apenas as estruturas muito especializadas e consequentemente pouco flexíveis (não podem ser usadas para outras soluções).

Destacam-se os arranjos de processadores denominados *Systolic Arrays* (Matrizes Sistólicas), por sua modularidade e praticidade na transferência de valores calculados a cada passo, entre as unidades de processamento [16]. Nos artigos e livros dedicados especificamente às Matrizes Sistólicas e os problemas a que se prestam, algumas ilustrações são indicativas da dinâmica dos cálculos que elas podem acelerar. Por exemplo, uma estrutura usada para fazer a triangulação superior de um sistema linear ("n" incógnitas e "n" equações), é organizada e ilustrada em formato triangular superior (Figura 6). Neste mesmo exemplo, o número de etapas de cálculos é reduzido de (n.n) para (n).

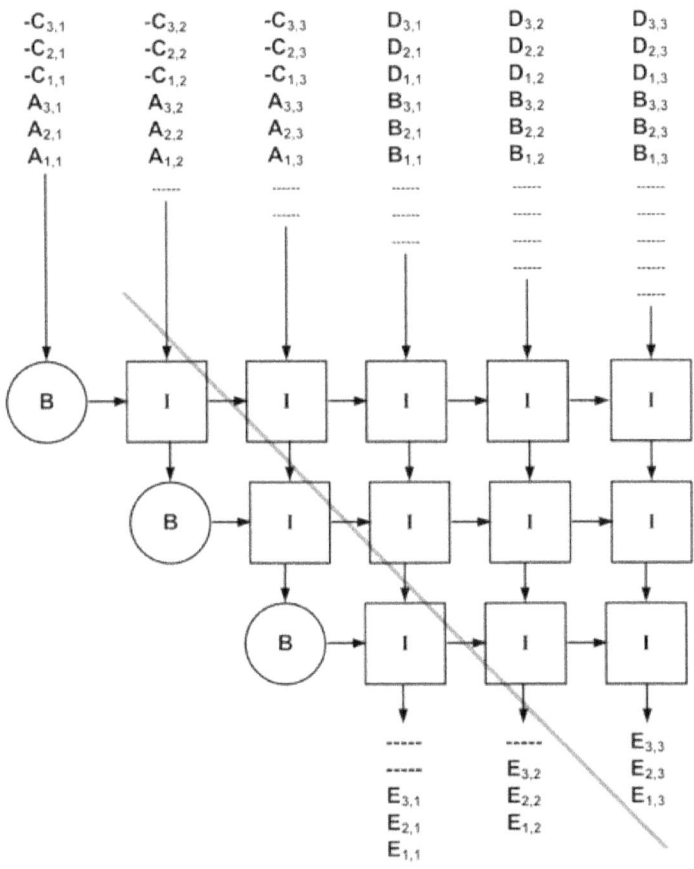

Figura 6 - Matriz Sistólica de processadores em paralelo, triangular superior[16]

Podem ser escolhidos filtros com realimentação (mais compactos e mais rápidos) ou sem realimentação (com estabilidade intrínseca), escolha que depende de a possibilidade dos sinais trabalhados provocarem instabilidades. Os filtros mais compactos podem então se tornarem inevitáveis pelos aspectos de integração e consumo de energia. As Redes Neurais Artificiais podem ser incluídas com a tarefa de adaptação de parâmetros de filtros, ou podem conter a solução completa do filtro, por serem essencialmente paralelizáveis e topologicamente adequadas à adaptação de parâmetros [18].

Nota: Para desambiguação, as Matrizes Sistólicas não recebem este nome por serem especializadas em sinais cardíacos, mas por terem um cadenciamento de cálculos e transferências de valores entre processadores em cascata que se assemelha ao transporte de sangue nas artérias e veias, progredindo alguns centímetros a cada batimento do coração.

194

COMPRESSÃO DE DADOS USANDO TRANSFORMADA WAVELET

Outra aplicação desafiadora e de grande aplicabilidade é a compactação dos dados para armazenamento ou transmissão de sinais biomédicos. Ambas já se incorporam à prática clínica, em grandes hospitais, por exemplo. Estas técnicas permitem que os especialistas façam uma avaliação remota da informação contida nos sinais de ECG de uma maneira muito econômica. No entanto, em muitas situações, este processo leva a um grande volume de informações [19].

Uma leitura atenta dos detalhamentos de algoritmos separadores já permite perceber que há possibilidade de se escolher quais componentes serão enviados para a etapa de reconstrução final do sinal de ECG. Este é um procedimento de aproximação do sinal, que terá quantos componentes quanto necessário. A ideia de armazenar informações paramétricas no lugar do sinal ponto-a-ponto é bem consagrada para fins de compressão. Se puderem ser escolhidos apenas os Componentes Principais (do PCA) a serem armazenados, será mais compacto ainda. Apesar de mais complicadas, em termos de compreensão e adequação com uso de intuição, as soluções que decomposição do sinal usando Wavelets têm resultado em melhor qualidade de reconstrução de sinal e taxa de compressão mais alta [19]. Os pesquisadores que se convenceram disso estão buscando outras melhorias, como o balanço entre velocidade de cálculos versus qualidade final, de olho na eficiência energética.

ASPECTOS DIDÁTICOS E MOTIVACIONAIS

A transição para dispositivos portáteis de uso individual e suas demandas por processamento digital remete aos aspectos de atratividade (para os pesquisadores) dos assuntos de grande complexidade. Alguns dos sistemas já contemplados na literatura pressupõem de um conhecimento de manipulações algébricas não triviais de matrizes relacionadas aos modelos matemáticos de sinais e de sistemas. Utilizando-se do mais básico algoritmo de mínimos quadrados (LMS) e suas derivações recursivas (RLS) já é possível alcançar resultados muito bons na filtragem dos sinais de ECG, dando retornos de satisfação pessoal e profissional desde as primeiras avaliações com a base de dados de ECG [20]. Há grande disponibilidade de suporte em literatura, nos tutoriais e nos fóruns de discussão, acrescidos de exemplos e bibliotecas de funções prontas (geralmente em linguagem C), fornecidas pelos fabricantes de processadores. A validação dos modelos matemáticos pode ser feita (sem considerar o desempenho de tempo real) nas plataformas de simulação mais populares. O tão difundido Matlab, seu equivalente livre chamado Scilab, junto com a linguagem apontada também como boa substituição, Python, são alguns exemplos que contam com as funções básicas dos filtros adaptativos e o suporte de comunidades colaborativas de estudantes e pesquisadores.

Em uma escala crescente de aprendizado e domínio de soluções, há soluções de código aberto disponíveis para testar os filtros de Kalman e da Transformada Wavelet, isoladamente ou em conjunto. Neste ponto o pesquisador já tem ferramentas aplicáveis a inúmeras áreas das engenharias e da computação, podendo desenvolver trabalhos de grande relevância na comunidade científica mundial.

Outro aspecto motivante é o esforço de inovação requerido para a melhoria das condições de sucesso da procriação. O monitoramento de FECG (ECG Fetal), em prática médica básica, se baseia apenas na frequência cardíaca fetal e não na forma de onda, como em ECG comum. O principal motivo para isso é que não há acesso à tecnologia disponível para medir de forma confiável o FECG. Desta forma, maioria das informações é extraída da amplitude e da duração dos pulsos. A forma de onda cardíaca fetal ajudaria os médicos a diagnosticar arritmia cardíaca, bradicardia, taquicardia, asfixia e hipóxia. A detecção precoce destes episódios dá oportunidade à correção ainda na gestação, até mesmo cirúrgica. Alguns podem estar associados a falhas neurológicas e outras a serem estudadas [22]. A arriscada instalação de eletrodos do couro cabeludo fetal, ou ultra-som vaginal, denominados exames invasivos, podem causar ferimentos na mãe, gerando riscos de infecção no útero. As técnicas não invasivas anulam estes riscos. O simples fato de participar de um movimento mundial na busca de diagnósticos mais precisos e menos invasivos, de grande alcance para as populações menos favorecidas, já é em si um fator motivacional notável.

Finalmente, um grande fator motivacional é o econômico. Estima-se que o mercado global de soluções para ECG atinja US $ 6,3 bilhões em 2022, registrado em um relatório da *Grand View Research Inc.* A crescente incidência de transtornos cardiovasculares e iniciativas governamentais para conscientizar as pessoas sobre os cuidados com a saúde favorece o crescimento deste mercado. Os estilos de vida não saudáveis, com aumento dos níveis de estresse e a falta atividade física, associados ao tabagismo e ao consumo de gorduras saturadas, fazem crescer os riscos de doenças cardíacas. De acordo com a *American Heart Association* (AHA), 56% mulheres morreram de doenças cardíacas em 2012, em comparação com 30% em 1997, mesmo com a proteção natural dos hormônios do ciclo menstrual. Além disso, as mudanças na prática médica estimulando o cuidado preventivo para evitar a intervenção aguda aumentará a demanda por métodos de acompanhamento cardíaco mais presentes no dia-a-dia [21].

REFERÊNCIAS

[1] The 20 cent Heart Monitor. Disponível em: http://www.sniff.org.uk/2014/03/the-20-cent-ecg.html. Acessado em: dezembro de 2017.

[2] Nayak S, Soni MK, Bansal D. Filtering Techniques for Ecg Signal Processing, *International Journal of Research in Engineering & Applied Sciences*, Volume 2, Issue 2 (February 2012).

[3] Single Lead, Heart Rate Monitor Front End- Data Sheet. http://www.analog.com/media/en/technical-documentation/data-sheets/AD8232.pdf

[4] http://www.ti.com/lit/ds/symlink/ads1293.pdf

[5] http://www.ti.com/lit/ug/slau516/slau516.pdf

[6] MIT-BIH ECG database: http://ecg.mit.edu/

[7] Bert-Uwe Köhler, Carsten Hennig, Reinhold Orglmeister, The Principles of Software QRS Detection, *IEEE Engineering in Medicine and Biology*, January/February 2002

[8] Selvaraj R, Kanagaraj B. A multi-stage adaptive singular value decomposition approach for fetal ECG signal extraction in multichannel input system for prenatal health monitoring. *Asian Journal of Information Technology* 2016. 15(6); pag. 1049–1055

[9] Wu S, Shen Y, Zhou Z, Lin L, Zeng Y, Gao X. - Research of fetal ECG extraction using wavelet analysis and adaptive filtering. *Computers in Biology and Medicine*. 43(10):1622-7

[10] Gao X. Non-invasive Detection and Compression of Fetal Electrocardiogram"- Chapter In book: Interpreting Cardiac Electrograms - From Skin to Endocardium · November 2017, Intechbook

[11] Hemajothi S, Analysis of Fetal Electrocardiogram Signal Extraction Using Anfis Techniques, tese, 2013 - St Peters University.

[12]https://pt.m.wikipedia.org/wiki/Análise_de_componentes _principais

[13] https://pt.m.wikipedia.org/wiki/Filtro_de_Kalman

[14] O Juuso. Discrete wavelet transforms ⬜theory and applications. pag. 148 a 156, *InTech*, Croatia

[15] https://pt.wikipedia.org/wiki/Wavelet

[16] Barnes RC, Dynamically Reconfigurable Systolic Array Accelerators: A Case Study with Extended Kalman Filter and Discrete Wavelet Transform Algorithms. Master of Science Thesis in Computer Engineering, Utah State University, Logan, 2008.

[17] Hasan MA, Ibrahimy MI, Reaz MBI. Fetal ECG Extraction from Maternal Abdominal ECG Using Neural Network, *J. Software Engineering & Applications*, 2009, vol. 2, pag. 330-334

[18] Sait NA, Thangarajan M, Snehalatha U. Neural network based on Verilog HDL for fetal ECG extraction. International *Journal of Biomedical Research* 2016; 7(10) pags 698-701.

[19] Miaou S. G. and Lin C. L. (2002). A quality-on-demand algorithm for wavelet-based compression of electrocardiogram signals. *IEEE Trans. Biomed. Eng.* 49, 233–239, 2002.

[20] Poornachandra S, Kumaravel N. A New Wavelet Coefficient Smoothened Adaptive Denoising Model for Biological Signal, ICBME 2002, Singapore.

[21] http://www.grandviewresearch.com/industry-analysis/ecg -equipment-market

[22] Anisha M, Kumar SS, Benisha M (2014) - Methodological Survey on Fetal ECG Extraction. *J Health Med Informat* 5:169.

[23] Sharma KP, Kaur M, Comparison of Different ECG Denoising Techniques Based on PRD & Mean Parameters. *International Journal of Multidisciplinary and Current Research*, March/April 2014.

[24] Ikbal F, Mathurakani M. PCA Enhanced Kalman Filter for ECG Denoisin, (IOSR-JECE), National Conference on Wireless Communication, Microelectronics and Emerging Technologies, *Toc H Institute of Science & Technology*, Kerala, India (Pag. 6 a 13).

[25] Kaur H, Rajni R. Electrocardiogram signal analysis for R-peak detection and denoising with hybrid linearization and principal component analysis. *Turk J Elec Eng & Comp Sci,* (2017) - 25: 2163-2175.

[26] Sen N, Chandrakar C. Development of a Novel ECG signal Denoising System Using Extended Kalman Filter. *International Journal of Advanced Research in Electrical, Electronics and Instrumentation Engineering,* Vol. 3, Issue 2, February 2014.

[27] Wescott T. Sampling: What Nyquist Didn't Say, and What to Do About It - Wescott Design Services, June 20, 2016   acessado (PDF)dez/2017:http://www.wescottdesign.com/articles/Sampl ing/sampling.pdf

[28] Vullings R, Vries B, Bergmans JWM. An Adaptive Kalman Filter for ECG Signal Enhancement., IEEE Transactions on Biomedical Engineering, v. 58, n. 4, 2011.

[29] Haykin S. Adaptive Filter Theory, 3a ed., 1995 - Edit. Prentice Hall

Capítulo 7

Uma nova proposta de reparação de cordas tendíneas de valvas cardíacas devido ao alongamento por degeneração fibroelástica pela febre reumática – Modelagem tridimensional pelo método dos elementos finitos da condução de calor produzido por laser de alta potência

Paulo Paulo Maurício Costa Gomes

Maria Cristina Chavantes

Igor Neiva

Osires Ferreira Junior

INTRODUÇÃO

A febre reumática (FR) é uma doença autoimune e, por envolver principalmente diferentes articulações, o cérebro, rim e coração, pode torna-se um grave problema. Esta patologia é caracterizada por uma reação inflamatória não supurativa, cujo mecanismo fisiopatológico inicia-se pelo contato por indivíduos predispostos com o estreptococo beta-hemolítico do grupo A de Lancefield. A doença estreptocócica, causadora da FR, ocasiona uma faringoamidalite, que quando não é tratada adequadamente provoca uma resposta imune exacerbada. No caso da FR, a resposta imune celular Th1 é a mais grave, pois o indivíduo poderá sofrer graves sequelas cardiovasculares. Geralmente, esta resposta é assintomática em sua fase aguda e a ausência de sintomas contribui para a gravidade da doença. Não tendo um diagnóstico, não será realizada uma profilaxia secundária contra a FR, ficando o indivíduo predisposto a múltiplos contatos com o estreptococo e vários surtos recorrentes de artrites poliarticular, contribuindo para aumento de complicações e morbidades [1,2].

Segundo dados da Organização Mundial de Saúde, cerca de 12 milhões de indivíduos por ano sofrem com a doença reumática e suas sequelas. Apesar da ocorrência universal, sua distribuição não é homogênea, devido a carência da rede de assistência à saúde em países de baixo e médio desenvolvimento, que apesar do avanço tecnológico no diagnóstico e tratamento, apresentam dificuldades na realização de medidas preventivas e profiláticas com o objetivo de se evitar novos surtos e possíveis danos cardiovasculares. No caso do Brasil, a FR é um problema sério de Saúde Pública. Segundo os dados do Datasus e as estatísticas da Liga de Combate à Febre Reumática, chegasse a 50 mil casos de febre reumática aguda sintomática no país, onde 5 % destes necessitam de internação. Como apenas 5 % dos pacientes possuem fase aguda sintomática, chega-se ao número alarmante de 1 milhão de indivíduos, que podem ter febre reumática anualmente, sejam sintomáticos e assintomáticos. Ainda, segundo as estatísticas, os pacientes que desenvolvem febre reumática, com sequelas cardíacas, dentro desse universo, são de aproximadamente 420 mil/ano, que podem desenvolver sequelas, como cardite reumática em cerca de 40% (grande maioria assintomáticas). Estes só irão revelar sintomas de valvopatias no futuro [3].

As cardiopatias causadas pela FR são as mais fáceis de serem prevenidas, contudo pela dificuldade de diagnosticar, principalmente devido a efeitos assintomáticos, é a principal causa de cirurgias valvares cardíacas em crianças/adolescentes e responsável por um terço das cirurgias cardíacas em adultos.

As alterações da dinâmica cardíaca provocada pela insuficiência mitral, como a regurgitação, em geral, não ocorrem no primeiro surto de FR e sim surtos repetidos irão ocasionar a progressão da lesão valvar reumática [4, 5, 6].

Segundo Pomerantzeff e colaboradores, em trabalho na plástica mitral abordada, observou-se que as rupturas e os alongamentos das cordas tendíneas (Fig. 1) são os danos valvares mais frequentes provocadas pelas doenças inflamatória/autoimune como a FR. Na literatura, várias técnicas cirúrgicas corretivas são relatadas: a) criação de uma nova corda a partir de um retalho de tecido da cúspide anterior para correção do prolapso nos caso de ruptura de cordas da cúspide anterior, b) transferência de cordas tendíneas da cúspide posterior para a anterior, c) substituição das cordas com danos por cordas padronizadas de pericárdio bovino, d) autotransplante de cordas da válvula tricúspide para a válvula mitral e e) substituição da válvula mitral por próteses mecânicas ou bioproteses (porcina ou bovina) [7, 8, 9, 10].

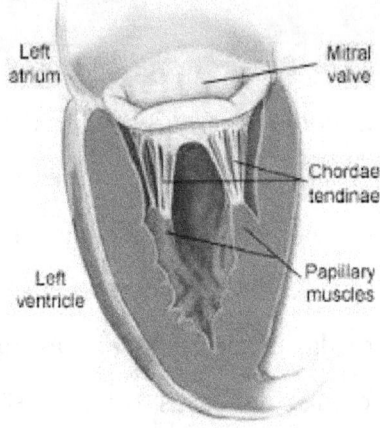

Figura 1. Cordas tendíneas na cavidade ventricular esquerda.

No caso específico da insuficiência mitral devido alongamento das cordas tendíneas, desde o início da década de 90 vinha-se buscando a aplicabilidade do laser na área cardiovascular. O INCOR-HC/FMUSP foi o pioneiro no mundo a utilizar o laser na área cardiovascular. Em recente estudo de Chavantes e colaboradores foi verificado que a aplicação do laser cirúrgico em valvas cardíacas *in vitro* em suíno, que a resistência mecânica (propriedades fibroelásticas) das cordas foi alterada (encurtadas) com a elevação da temperatura em torno de 43°C utilizando-se de lasers cirúrgicos com alta potência (trabalho ainda não publicado). Tal constatação gera mais uma possibilidade cirúrgica na correção anatômica das cordas tendíneas [11, 12, 13].

O objetivo desse trabalho é dar sustentação a hipótese de uma nova modalidade cirúrgica para recuperação de cordas tendíneas que sofreram alongamento por degeneração fibroelástica. Através do método dos elementos finitos modelou-se a condução de calor nas cordas pela incidência de lasers de alta potência. Perfis de temperatura foram produzidos e parâmetros de dose são apresentados.

A. Métodos dos Elementos Finitos

O método dos elementos finitos (MEF) é uma técnica matemática de aproximação numérica de grande alcance nas engenharias, pois possibilita a transformação de um sistema de equações diferenciais em sistemas algébricos, que pelas suas dimensões, devem ser tratados computacionalmente [1, 2, 3]. O método permite modelar um amplo conjunto de fenômenos físicos com aplicações nas mais diversas áreas da engenharia envolvendo geometrias complexas [4, 5, 6]. Apesar de o método ter surgido no início do séc. XX, somente em meados de 1950 que foram realizadas as primeiras aplicações na indústria. Nas últimas três décadas do século passado o MEF ganhou ampla utilização, como na engenharia biomédica, devido ao desenvolvimento dos computadores digitais [7, 8, 9].

O MEF consiste em dividir o domínio de um problema em elementos finitos (com geometria triangular, quadrada dentre outras), conectados por nós, formando uma malha, conforme mostra a Figura 2. Cada elemento finito é governado por uma equação diferencial consistente com o problema e transformado em um sistema algébrico local. Através de métodos algébricos se constrói um sistema global onde condições de contorno são impostas [10, 11, 12]. No caso de um problema envolvendo a transmissão de calor, o número de incógnitas do sistema global é igual ao número de nós, cuja solução fornece o perfil de temperatura de um corpo (domínio). Quanto maior o número de nós, maior o sistema global e mais exata é a solução, assim computadores são essenciais para a precisão do resultado [13, 14].

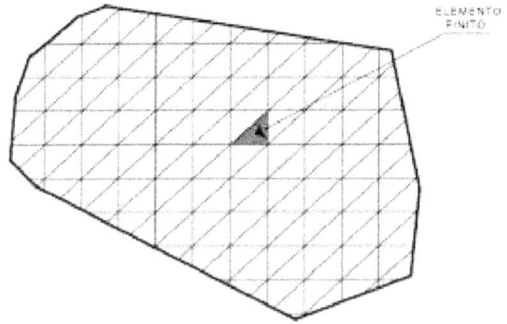

Figura 2: Domínio discretizado formando uma malha com elementos finitos triangulares.

METODOLOGIA

O problema da condução de calor foi tratado utilizando-se o software ABAQUS® (versão acadêmica), que executa um algoritmo para MEF baseado no método de Galerkin dos resíduos ponderados. O ABAQUS® permite a delimitação do domínio com aplicação das condições de contorno, geração da malha em geometrias triangular e/ou quadricular juntamente com seu refinamento. A solução do problema é apresentada de forma gráfica mostrando a visualização dos perfis de temperatura [15][16][17][18].

O método Galerkin dos resíduos ponderados para elementos finitos aproxima a solução das equações diferenciais que governam sistemas físicos para valores limites que correspondem as temperaturas dos nós. O método faz uso de funções de testes que satisfazem as condições de contorno inseridas em uma integral que minimiza o erro, no domínio do problema. Toda função teste diferente de zero, gera um erro residual, chamado resíduo.

A equação 1, conhecida como a lei de Fourier para materiais isotrópicos, consegue relacionar o fluxo de calor $\vec{q}$ com o gradiente de temperatura $\vec{\nabla}T$ e k é a condutividade térmica. Seu sinal negativo aparece porque o calor flui de onde a temperatura é mais alta para onde ela é mais baixa.

$$\vec{q} = -k\vec{\nabla}T \qquad (1)$$

Ao aplicar a equação 1 para um balanço de energia no método de Galerkin dos resíduos ponderados para um elemento finito bidimensional, tem-se a equação 2, onde $N_i(x,y)$ é uma função de interpolação, S é um termo fonte e t é a espessura do elemento finito.

$$\iint_A N_i(x,y)\left[\frac{\partial}{\partial x}\left(tk\frac{\partial T}{\partial x}\right)+\frac{\partial}{\partial y}\left(tk\frac{\partial T}{\partial y}\right)+St\right]dA = 0 \qquad i = 1, M$$

(2)

Para domínios em três dimensões, tem-se uma expansão da equação 2.

Para o domínio, considerou-se uma seção volumétrica (um paralelepípedo) com dimensões típicas de uma corda tendínea. As condições de contorno para as faces e o termo fonte, representado através da incidência do feixe de laser, são mostradas na Fig. 3. Na modelagem, sendo as cordas tendíneas tecido conjuntivo denso, utilizou-se a condutividade térmica do colágeno (0,32 W /mK) obtido através de dados da indústria de alimentos [19].

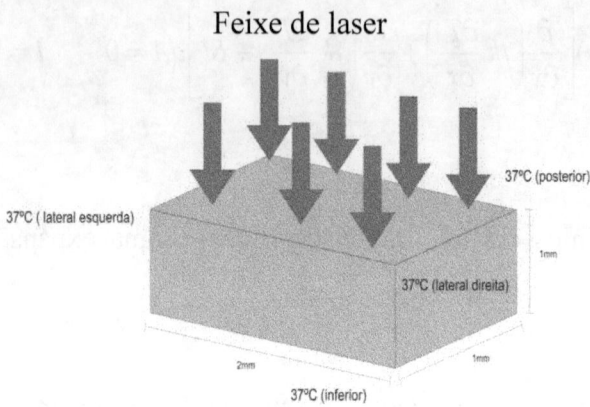

Feixe de laser

37°C (posterior)
37°C (lateral esquerda)
1mm
37°C (lateral direita)
2mm
1mm
37°C (inferior)

Figura 3: Seção volumétrica representando o domínio tridimensional com as dimensões típicas de uma corda tendínea. O termo fonte está representado através do feixe de laser. As condições de contorno do domínio são mostradas, onde 37°C é a temperatura média do interior do corpo humano.

RESULTADOS

Nas figuras 4, 5 e 6 são apresentados perfis temperatura obtidos pela modelagem com o MEF (malha tridimensional cúbica) através do software ABAQUS®. Três densidades de potência superficiais representam distintas intensidades de feixes de lasers. Para cada perfil gerado, indica-se a temperatura máxima obtida.

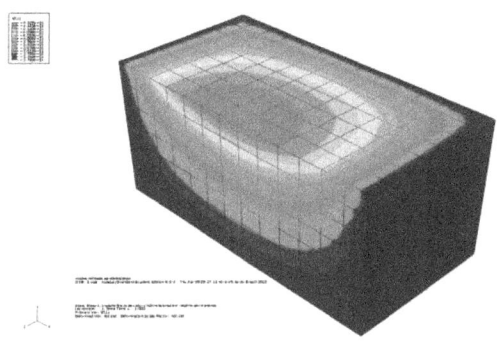

Figura 4: Perfil de temperatura para um feixe de laser com densidade de potência superficial de 3,0 W/mm². A temperatura máxima é 42,29°C.

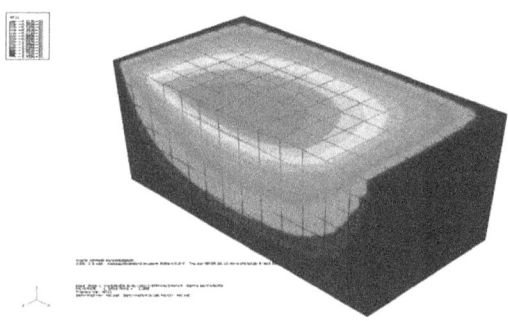

Figura 5: Perfil de temperatura para um feixe de laser com densidade de potência superficial de 3.5W/mm². A temperatura máxima é 43,17°C.

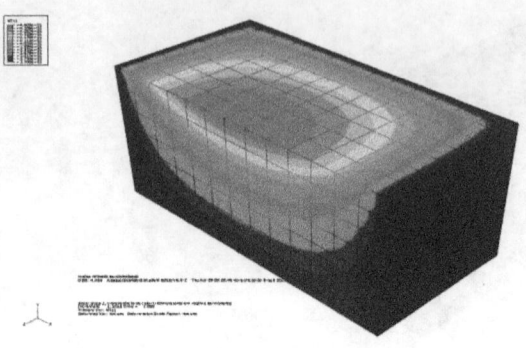

Figura 6: Perfil de temperatura para um feixe de laser com densidade de potência superficial de 4,0W/mm². A temperatura máxima é 44,05°C.

Comparando os perfis de temperatura dos resultados obtidos, verificou-se que a dosimetria teórica (densidade de potência superficial) para a obtenção da temperatura de recuperação das cordas tendíneas observadas in vitro ($\approx$ 43,0°C) encontra-se entre 3,0 W/mm2 e 3,5 W/mm2. Apesar da abordagem geométrica apresentar algumas limitações, pois desprezou-se possíveis curvas, ranhuras e etc que a corda tendínea real possa apresentar, está demonstrado que o modelo é eficiente para se determinar parâmetros teóricos de dose de feixes de laser com o propósito de se recuperar cordas tendíneas alongadas pela cardite reumática.

CONCLUSÃO

Em uma abordagem futura, os resultados teóricos da dosimetria apresentados pelo modelo tridimensional – que também deve ser aprimorado para uma geometria mais realista da corda tendínea - deverão ser confrontados com os dados experimentais mais expressivos (inclusive com a discussão dos possíveis tipos de lasers a serem aplicados). Tais achados devem guiar futuras investigações em in vitro e in vivo, a fim de estudar aspectos locais de regeneração espontânea ou secundária pós uso do laser com cálculo da dosimetria ideal, como uma ferramenta eficaz, segura e com custo-efetivo tanto para o paciente quanto para a instituição envolvida com resultados significantes e com melhora da qualidade de vida destes tipos de doentes cardíacos.

REFERÊNCIAS

[1] Paola AAVMM, Barbosa JI, Guimarães et al. Cardiologia – Livro Texto da Sociedade Brasileira de Cardiologia. Editora Manole Ltda, Barueri, SP, 2012, pp. 1230-1254 e pp. 1620-1636.

[2] Levy RA, Albuquerque EMN, Patogênese da febre reumática, *Revista da Sociedade de Cardiologia do Estado do Rio de Janeiro*. v. IX. N. 1, pp. 15-19, Jan/Fev/Mar 1996.

[3] F. Sbaffi et al. É a febre reumática um problema de saúde pública? *Revista da Sociedade de Cardiologia do Estado do Rio de Janeiro*. v. VII, n. 3, pp. 106 –108, Jul/Ago/Set 1994.

[4] Dângelo JG, Fattini CA. Anatomia Humana Básica. Editora Atheneu. São Paulo. 2011.

[5] Ferreira JR, Ferreira B, Sakamoto Z, Prado YP, Nobre M, Insuficiência mitral por ruptura de cordoalhas tendíneas: relato de caso e revisão de literatura. *Revista do Hospital Universitário Getúlio Vargas*. v.10, n. 1-2, pp. 77-80, Jan./Jul./2011.

[6] Gregori F, Silva SS Façanha LAO, Moure MP, Goulart C. Cordeiro C, Rade W. "Autotransplante de cordas tendíneas: nova técnica para o tratamento cirúrgico de insuficiência mitral por rotura de cordas tendíneas da cúspide anterior. *Revista Brasileira de Cirurgia Cardiovascular*. 1992. 7(4):250-255.

[7] Gregori F, Godoy M F et al. Correção da ruptura de cordas tendíneas na insuficiência mitral degenerativa pelo emprego de cordas padronizadas de pericárdio bovino. *Revista Brasileira de Cirurgia Cardiovascular*. 2013;28(1):36-46.

[8] Leal JC, Gregori F, Galina LE, Thevenard RS, Braile DM. Avaliação ecocardiográfica em pacientes submetidos à substituição de cordas tendíneas rotas. *Revista Brasileira de*

Cirurgia Cardiovascular. v. 22, n. 2, pp. 184-191, São José do Rio Preto, Abril/junho 2007.

[9] Gregori F. Tratamento cirúrgico conservador da insuficiência mitral uma abordagem alternativa. *Revista Brasileira de Cirurgia Cardiovascular*. v. 27, n. 2, pp. 312-317, São José do Rio Preto, Abril/junho 2012.

[10] Pomaranztzeff PMA, Brandão CMA, Leite Filho et al. Plástica da Válvula Mitral em pacientes com insuficiência mitral reumática técnicas e resultados de 20 anos. *Rev.Bras.Cir. Cardiovascula*r 2009; 24(4): 485-489.

[11] Bagnato VS et al. Novas Técnicas Ópticas para as Áreas da Saúde. Editora Livraria da Física. São Paulo. 2008.

[12] Chavantes MC, Jatene AD. Aplicação do Laser na Área Cardiovascular. Arq. Brás. Cardiol. Vol. 54/1: 61-68, 1990.

[13] Chavantes MC et al. Laser em Bio-Medicina – Princípios e Prática. Editora Atheneu. São Paulo. 2009.

[14] Hutton DV. Fundamentals of Finite Element Analysis. The McGrawHill Companies, 2004.

[15] Maliska CR. Transferência de Calor e Mecânica dos Fluidos Computacional. 2ª Edição. LTC. Rio de Janeiro, 2004.

[16] Çengel Y, Boles M. Thermodynamics – An Engineering Approach. Seventh Edition. McGraw Hill. New York, 2011.

[17] Özislk MN. Transferência de Calor, Um Texto Básico. Editora Guanabara Koogan S.A. Rio de Janeiro, 1990.

[18] Sobrinho ASC. Introdução ao Método dos Elementos Finitos. Editora Ciência Moderna. Rio de Janeiro, 2006.

[19] Alves TP, Nicoleti JF, Ströher GR. Determinação da condutividade térmica da mistura pele/gordura da carcaça de frango em função da temperatura e do conteúdo de umidade. XVII Seminário de Iniciação Científica e Tecnológica da UTFPR.

Capítulo 8

A Importância do Monitoramento Constante
de Sinais Vitais em Idosos

Camila Monteiro Barbosa
Cláudio Roberto Magalhães Pessoa
Jaqueline Lopes Cabral
Lucas Parizzi
Patrícia de Azambuja
Thais Taynara Alves

INTRODUÇÃO

O envelhecimento é um fato biológico do qual ninguém está livre. Com o aumento da tecnologia na área de saúde, o surgimento de novas vacinas, antibióticos, quimioterapia, tratamentos mais eficientes, doenças comuns têm sido melhor controladas, o que gerou um aumento da população de idosos em todo o mundo. De acordo com dados fornecidos pelo DATASUS (2010), o Brasil possui cerca de 21 milhões de idosos, com uma tendência de crescimento da população.

Devido às inúmeras mudanças que ocorrem no organismo e que caracterizam o processo de envelhecimento, tem-se uma necessidade de proporcionar à pessoa idosa um cuidado e atenção maior com relação à saúde[1]. A qualidade do acompanhamento nesta fase da vida é fator determinante na qualidade de vida do idoso, bem como na proteção de instalação de outras doenças [2].

Este estudo objetiva descrever as características anatômicas e fisiológicas presentes no envelhecimento normal, e indicar as alterações funcionais (doenças) mais comuns desta fase, para que a partir destes dados sejam definidos quais os sinais vitais mais importantes a serem monitorados nesta população. Como metodologia, foi feita uma pesquisa exploratória, através de uma análise da literatura que abordasse o processo de envelhecimento, doenças recorrentes em idosos, monitoramento de sinais vitais, e importância do tempo de socorro, com objetivo de levantar os parâmetros importantes para acompanhamento e para comprovar a necessidade de monitoramento como prevenção e tratamento de doenças que poderiam levar a internação e demais prejuízos a saúde dos idosos e sinais que pudessem também prevenir acidentes domésticos, que são causa importante de morbidade e mortalidade em idosos [3].

METODOLOGIA

Através de uma pesquisa em bibliografia correlata, portal da CAPES, SciELO, PubMed, e outras fontes disponíveis na internet, uma análise exploratória e descritiva foi realizada para obter os dados desejados.

Em uma abordagem qualitativa a pesquisa teve por finalidade avaliar parâmetros dos idosos, para monitorar o contexto já conhecido do indivíduo, controlar os riscos de desencadeamento de problemas, e, no caso de uma urgência, acelerar o tempo de socorro para minimizar ou anular as prováveis consequências relacionadas com o tempo de espera e preservar a vida.

PROCESSO DE ENVELHECIMENTO

O envelhecimento está presente em todos os animais, refletindo, na sua maior parte, em mudanças biológicas. O processo de envelhecimento diz respeito às perdas das funções normais, que começam a ficar mais evidentes a partir dos 60 anos. O envelhecimento normal, que ocorre através do tempo, acarreta mudanças naturais que podem levar a uma diminuição funcional fisiológica, aumentando a chance de adoecer [4]. Em nações desenvolvidas, o limite de idade entre adulto e idoso é de 65 anos. Já nos países em desenvolvimento, o limite é de 60 anos. No entanto, devido alguns aspectos, principalmente legais, no Brasil o limite também é de 65 anos [1].

A. Senescência

Senescência é o processo de tornar-se senil sem que haja comprometimento das necessidades básicas de vida (alimentação, locomoção, etc), conhecido como envelhecimento natural e saudável [5].

O processo de envelhecimento tem revelado efeitos maiores, devido ao passar dos anos, sobre uma série de variáveis clinicamente relevantes. A diminuição de alterações fisiológicas que ocorrem com a idade é constante na oitava e nona décadas, o que indica que indivíduos a partir dos 80 anos estarão perdendo funções rapidamente. É importante ressaltar que esses efeitos variam de um indivíduo para outro [6]. Para os índices de avaliação para Fibrilação Atrial (FA) e Acidente Vascular Encefálico (AVE), a idade é altamente relevante como fator de risco dos pacientes [7].

Na pesquisa realizada ficaram evidentes alguns aspectos que são importantes salientar, a saber:

Envelhecimento Cerebral: O número de células nervosas diminui consideravelmente, como ocorre no Hipotálamo, mas em algumas áreas a perda é mínima. As habilidades verbais, com algumas alterações sutis, como esquecimentos banais, são mantidas até os 70 anos [6].

Envelhecimento Cardiovascular: Aumento da pressão sistólica, da pressão de pulso e da incidência de doença arterial coronariana são alguns dos marcos do envelhecimento cardiovascular. Apesar de estudos mostrarem que outros fatores podem ser relevantes no meio cardiovascular, a idade se configura como principal fator de risco. Em situações de maior demanda, seja fisiológica ou patológica, os mecanismos do sistema podem vir a falhar devido à sua significativa redução funcional. Contudo, em repouso, não há um déficit cardíaco relevante [8].

As alterações estruturais limitam a capacidade de tolerância em várias situações e com isso apresentam uma série de consequências, como: diminuição da resposta de elevação da frequência cardíaca, diminuição da complacência do ventrículo esquerdo causando retardo no relaxamento do ventrículo elevando a pressão diastólica desta cavidade, diminuição da complacência arterial, com aumento da resistência periférica e consequente aumento da pressão sistólica, diminuição do consumo máximo de oxigênio (VO2 máx.), entre outros. Com a hipertensão sistólica frequente acima dos 70 anos, há um maior risco de doenças cardiovasculares e cerebrovasculares. No tecido específico do sistema cardiovascular, há um acúmulo de gordura, redução da musculatura específica e aumento de tecido colágeno [8].

Envelhecimento Respiratório: O sistema respiratório, mesmo durante o processo de envelhecimento, consegue manter a oxigenação e ventilação adequadas no repouso. Mas há uma perda progressiva da reserva respiratória e da resposta ventilatória em situações de alta demanda. Diminui-se a complacência da parede torácica e a pressão inspiratória e transdiafragmática. Além de diminuir também o volume expiratório e a capacidade vital [9].

O aumento do diâmetro dos ductos alveolares e aumento da lâmina basal do alvéolo, que originam o enfisema senil, mesmo em não fumantes, são outras mudanças pulmonares devido à idade [10].

B. Senilidade

Senilidade é caracterizada pelo processo de envelhecimento associado a alterações que ocorrem devido a doenças crônicas e maus hábitos de vida [5].

Além do envelhecimento natural, a senilidade causa dificuldades funcionais em todas as partes do corpo,

227

principalmente nos sistemas cardiovascular, respiratório, urinário e imunológico [11].

O envelhecimento aumenta as complicações causadas por doenças já existentes, principalmente as de caráter crônico. Os problemas de origem cardiovascular são os de maior incidência como hipertensão arterial, infartos, anginas, insuficiência cardíaca e AVE's. Além destes, tem sido observado que doenças degenerativas como o Alzheimer e doenças respiratórias como pneumonias e enfisemas, também tem um número grande de ocorrências [12]. As tabelas 1 e 2 mostram os índices de internação em relação ao diagnóstico principal.

TABELA 1: DISTRIBUIÇÃO PROPORCIONAL (%) DO DIAGNÓSTICO PRINCIPAL QUE JUSTIFICOU A INTERNAÇÃO NO ÂMBITO DO SISTEMA ÚNICO DE SAÚDE, SEGUNDO FAIXA ETÁRIA, SEXO MASCULINO. BRASIL, 2001.

Diagnóstico Principal	Masculino por faixa etária (anos)			
	60+	60-69	70-79	80+
Doenças do aparelho circulatório	28,6	27,4	29,7	29,6
Doenças do aparelho respiratório	20,4	17,7	21,3	24,9
Doenças do aparelho digestivo	11	12,8	10,2	8,1
Doenças infecciosas e parasitárias	5,5	5,2	5,3	6,6
Doenças do aparelho geniturinário	7,2	7,2	7,5	6,6
Causas externas	4,1	4,7	3,5	4,1
Doenças endócrinas, nutricionais e metabólicas	4,5	4,2	4,4	5,1
Doenças do sistema nervoso	3,1	3	3,1	3,1
Transtornos mentais e comportamentais	1,7	2,8	1	0,6
Neoplasias	5,4	6,2	5,5	3,6
Doenças do sistema ostomuscular e tecido conjuntivo	2	2,4	1,8	1,5
Gravidez, puerpério	0	0	0	0
Outras	6,5	6,5	6,7	6,3
TOTAL	100	100	100	100

Fonte: Ministério de Saúde, Sistema de Informações Hospitalares do Sistema Único de Saúde (SIH-SUS) [13]

TABELA 2: DISTRIBUIÇÃO PROPORCIONAL (%) DO DIAGNÓSTICO PRINCIPAL QUE JUSTIFICOU A INTERNAÇÃO NO ÂMBITO DO SISTEMA ÚNICO DE SAÚDE, SEGUNDO FAIXA ETÁRIA, SEXO FEMININO. BRASIL, 2001.

Diagnóstico Principal	Feminino por faixa etária (anos)			
	60+	60-69	70-79	80+
Doenças do aparelho circulatório	30,1	28	31,5	31,8
Doenças do aparelho respiratório	18,7	17	18,9	21,5
Doenças do aparelho digestivo	9,7	11,2	9,2	7,8
Doenças infecciosas e parasitárias	6,6	6,4	6,4	7,1
Doenças do aparelho geniturinário	5,3	6,8	4,8	3,5
Causas externas	4,6	4	4,5	6,2
Doenças endócrinas, nutricionais e metabólicas	6,4	6,3	6,4	6,5
Doenças do sistema nervoso	2,9	2,6	2,9	3,5
Transtornos mentais e comportamentais	1,4	2,1	0,9	0,7
Neoplasias	4,9	6	4,7	3
Doenças do sistema ósteomuscular e tecido conjuntivo	2,6	2,9	2,6	2,1
Gravidez, puerpério	0	0,1	0	0
Outras	6,7	6,7	7,1	6,2
TOTAL	100	100	100	100

Fonte: Ministério de Saúde, Sistema de Informações Hospitalares do Sistema Único de Saúde (SIH-SUS) [13]

Segundo o SUS, a principal causa de internação de idosos de 60 a 69 anos, em 2010, foram as cardiopatias não isquêmicas, que se somadas às outras causas cardiovasculares, as doenças

230

circulatórias totalizam 21,6% de todas as internações no período.

As taxas de internações por pneumonia e por DPOC (doença pulmonar obstrutiva crônica) foram muito parecidas em ambos os sexos: 56 mil internações por pneumonia e 30 mil por DPOC. Nos idosos entre 70 e 79 anos, as doenças respiratórias passam a ter maior importância, sendo duas vezes maiores as taxas de internação dos grupos Pneumonia e DPOC. No âmbito das doenças circulatórias, as cardiopatias não isquêmicas foram a com maior incidência. As doenças respiratórias totalizaram 21,6% dos casos nos idosos acima de 80 anos e as circulatórias somadas 25%, nos octogenários, a taxa de internação por doenças cerebrovasculares chega a ser 40% maior do que a dos septuagenários quando se trata de homens, e 120% quando se trata de mulheres [14].

O diabetes mellitus (DM) vem crescendo a cada ano no Brasil em decorrência do aumento da expectativa de vida da população e, com isso, a faixa etária em que mais se acomete é a idosa. O número de prevalência da DM teve um aumento de 6,4 vezes entre 60-69 anos segundo o Estudo Multicêntrico sobre a Prevalência do Diabetes no Brasil. A hipertensão ocorre em diabéticos duas vezes mais do que em não diabéticos, deixando esses pontos intimamente ligados [15].

MONITORAMENTO DOS SINAIS VITAIS

O monitoramento dos sinais vitais (SSVV) consiste na prática de observar e controlar os parâmetros relacionados à frequência respiratória, cardíaca, pressão arterial, glicose e temperatura [16].

As alterações funcionais geralmente refletem nos sinais vitais e algumas vezes podem indicar enfermidades. Devido a isso, os sinais vitais devem ser monitorados com frequência e rigidez, de modo que os dados recebidos sejam sempre comparados aos valores de referência: temperatura (ideal: 36-37°C), frequência da respiração (60+ anos: 12a 28 rpm; 80+ anos: 10-30rpm), a pressão arterial, que consiste na pressão do fluxo sanguíneo na parede das artérias (como o valor normal varia um pouco de indivíduo para indivíduo é difícil definir um valor exato), glicose (em indivíduos não diabéticos em jejum valor menor que 110 mg/dl, e em indivíduos diabéticos valor maior que 126 mg/dl) e frequência cardíaca, o pulso, que é a onda de contração e expansão das artérias, resultante dos batimentos cardíacos - 60-100bpm [17].

O monitoramento desses sinais pode ajudar a evitar patologias e diminuir as taxas de internação ligadas a eles, que somatizam as principais causas. (Conforme Item 2.1.1)

Durante a internação do paciente, seu monitoramento é realizado 24 horas, o que facilita a detecção de alterações em seus sinais. Após receber alta, alguns pacientes devem continuar sendo monitorados, porém os recursos disponíveis externos ao ambiente hospitalar (esfigmomanômetro, termômetro, oxímetro de pulso) só fornecem dados esporádicos, criando uma lacuna no intervalo entre duas aferições, com grandes chances que alterações ocorreram no intervalo entre as medidas e risco para o paciente.

Em alguns casos clínicos, monitoramentos contínuos deveriam ser feitos em casa, mas a execução desta prescrição é inviabilizada pela falta de praticidade apresentada pelos equipamentos com este tipo de monitoramento e pela necessidade de organização e disciplina específicas para que o paciente pause a sua rotina e faça a aferição de seus sinais vitais [18].

IMPORTÂNCIA DO TEMPO NO SOCORRO

O socorro imediato em uma situação de emergência é um fator preponderante para salvar de vidas. Porém por falta de conhecimento técnico da população não é dado nem um atendimento básico entre o momento do ocorrido até a chegada de uma equipe de socorro [19]. Este tempo de espera pode significar a diferença entre vida ou a morte e definir comorbidades, que segundo Marques (1994) é quando a doença diagnosticada inicialmente causa outra alteração funcional ou quando outra doença desenvolve paralelamente ao diagnóstico original. A população idosa possui maior risco de exposição a situações que podem causar diferentes traumas, como por exemplo, atropelamento, queda, queimadura. O indivíduo idoso não possui capacidade ou reserva funcional necessária para o processo recuperativo, o que eleva a taxa de mortalidade neste grupo [20].

Em caso de acidentes, o pronto reconhecimento e estabilização precoce de traumas reduzem a perda de sangue, aumentando a sobrevida. Um atendimento correto, e no menor tempo possível, possibilita que o atendimento posterior obtenha melhores resultados. Pergola e Araújo (2009) [21] evidenciam a redução da mortalidade em 60% em vítimas de acidentes que receberam atendimento adequado e imediato, preservando assim os sinais vitais dos indivíduos.

A. Quedas

As quedas são acidentes frequentes em indivíduos idosos e podem ocorrer a qualquer momento e diversos locais. Porém segundo Mantovani (2006) e Souza e Iglesias (2002) [20,19], ocorrem predominantemente em ambiente domiciliares e estão associados a atividades comuns do dia a dia.

Segundo Mantovani (2006) [20] os traumas podem gerar ferimentos e hemorragias que, em idosos, representam risco de mortalidade por levarem a complicações sistêmicas prejudicais as funções vitais. A perda de sangue por hemorragia gera desequilíbrio entre volume de líquidos e o sistema cardíaco, levando ao choque hipovolêmico que é a perda de mais de 20% do sangue ou de fluidos corporais, condição potencialmente letal pela queda brusca da pressão arterial [22].

B. Queimaduras

As queimaduras, por si só, não são um risco imediato à vida; mas fatores como, comprometimento das vias aéreas e infecções podem ser associados a alta letalidade. Assim, tratamento no local do acidente pode diminuir a mortalidade dos pacientes que venham sofrer traumas nesse sentido [22].

Lange (2005) [23] destaca morte por queimadura como uma das principais causas de mortes acidentais entre idosos acima de 75 anos de idade. As queimaduras ocorrem 90% em ambiente domiciliar, sendo as chamas do fogo como responsável por 80% das queimaduras e líquidos ferventes com 20% dos casos de acidentes.

C. Infarto Agudo do Miocárdio (IAM)

Segundo a Sociedade Brasileira de Cardiologia (2015) [24], a maior incidência de morte por IAM ocorre nas primeiras horas de manifestação da doença, com 40% a 60% acontecendo na primeira hora e aproximadamente 80% nas primeiras 24 horas após o infarto. Portanto, a maior ocorrência de mortes acontece fora do hospital.

O atendimento imediato, também nesse caso, é de extrema importância pois pode reduzir o tempo entre início da necrose muscular. A causa mais frequente de morte associada a alterações cardíacas é a fibrilação ventricular caracterizada por uma alteração de comportamento elétrico do coração identificado no traçado do eletrocardiograma (ECG). Segundo Pergola e Araújo (2009) [21], 90% das paradas cardiorrespiratórias resultantes de fibrilação acontecem em ambientes extra- hospitalares.

O tempo do início dos sintomas, que representa a oclusão da artéria coronária até o início do tratamento, é proporcionalmente relevante para as consequências as quais o paciente se submeterá. Os casos de pacientes com IAM que chegam a uma emergência com até 2 horas após o início dos sintomas é de apenas 20% [24].

Outro fator muito importante é a íntima relação existente entre doenças cardíacas e neurológicas gerais, sejam elas vasculares ou degenerativas do tecido nervoso [25].

Alterações funcionais do coração repercutem na qualidade geral da circulação sanguínea prejudicando o suporte de vida do encéfalo, o que pode levar a um processo gradativo que culmina em degeneração, resultante ou não de um acidente vascular causado pela cardiopatia [26,27].

Existem no mundo 33,5 mil pacientes com Fibrilação Atrial, além dos casos de alterações cardíacas silenciosas e assintomáticas. Além do risco de morte pela FA, este distúrbio é causa comprovada de problemas neurológicos futuros como AVE e demência [26, 7, 28], aumentando ainda mais a importância do monitoramento contínuo entre idosos.

D. Acidente Vascular Encefálico (AVE)

O AVE se caracteriza por um déficit neurológico focal, repentino e não convulsivo, determinado por uma lesão cerebral. Possuem dois tipos: isquêmico e hemorrágico. O Acidente Vascular Encefálico Isquêmico (AVEI) pode ser causado por embolia ou bloqueio súbito de uma artéria provocado por um material sólido transportado na corrente sanguínea até o local do bloqueio, queda na pressão de perfusão sanguínea ou obstrução na drenagem do sangue venoso, impedindo assim a passagem de oxigênio para as células encefálicas, podendo levar a morte das mesmas [29].

Acidente Vascular Encefálico Hemorrágico (AVEH) ocorre pelo rompimento de um vaso sanguíneo encefálico provocando sangramento (hemorragia) em uma área do sistema nervoso. O contato do sangue com o tecido cerebral causa uma ação irritativa, esta irritação juntamente com o coagulo gerado faz uma pressão sobre o tecido nervoso, podendo levar a perda de função da área afetada [29].
Evidências experimentais e clínicas sugerem que no AVE, que tenham persistência da isquemia cerebral, por mais de 4 a 6 horas, produz perda de função neurológicas permanentes [30].

As relações entre as principais alterações funcionais e suas consequências estão organizadas na tabela 3.

TABELA 3: COMPARAÇÃO DE CAUSA E EFEITO DAS PRINCIPAIS
DOENÇAS

	Parâmetros normais	Doenças	Consequências
Envelhecimento Cerebral	Sem parâmetro a ser observado	Acidente Vascular Encefálico	Acidente vascular encefálica isquêmico persistente de 4 à 6 horas, produz perdas de função neurológica permanentes
Envelhecimento Cardiovascular	Frequência cardíaca: 60-100bpm	Infarto Agudo do Miocárdio	40% à 60% das mortes ocorre nas primeiras horas de manifestação da doença
Envelhecimento Respiratório	Frequência respiratória >60 anos: 12 a 28rpm>80 anos: 10-30rpm		

Fonte: Pelo autor

CONCLUSÃO

O envelhecimento é um processo inerente à vida e pode ser acompanhado de alterações funcionais que podem colocar a vida do idoso em risco, caso não seja dada a devida atenção. Mas mesmo se esta fase da vida não tiver nenhum distúrbio previamente diagnosticado, a senescência é caracterizada por um aumento considerável nos riscos de desenvolvimento de doenças.

Independente do contexto no qual o idoso esteja inserido é de suma importância o monitoramento dos principais sinais vitais para este tenha um acompanhamento adequado de seu estado geral. Isso pode prevenir doenças ou tratá-las em estágios primários com menores danos e evitando procedimentos, como internação. Um monitoramento constante pode levar a diminuição do tempo de atendimento em caso de alterações do coração ou do cérebro, ou acidentes como quedas ou queimaduras. Como foi visto no artigo, o tempo de atendimento é sempre um fator primordial, pois pode preservar a vida e evitar consequências mais graves.

Sendo assim, parâmetros como frequência cardíaca, temperatura e saturação são dados importantes a serem monitorados de forma constante para que seja feita uma prevenção eficiente de situações que possam colocar a vida do idoso em risco, ou alterar a sua qualidade de vida.

Como trabalhos futuros serão analisados sensores e desenvolvido um sistema de informação que permita gerenciar as informações coletadas (pelos sensores), armazenando e entregando-as para quem for pertinente (filho, médico, cuidador, etc). Assim será possível auxiliar nos cuidados que devem ser tomados para o tratamento e bem-estar do idoso monitorado.

REFERÊNCIAS

[1] NETTO, M.P. *O estudo da velhice: Histórico, definição do campo e termos básicos.* In Freitas, EV, Py L, Cançado FAX, Gorzoni ML, Doll J. (Eds.). *Tratado de Geriatria e Gerontologia.* 3. Ed.Rio de Janeiro: Guanabara Koogan, p.68,71, 2011.

[2] SOUSA, 2017 e ROLIM, 2017.

[3] Larson EB. *Evidence supports action to prevent injurious falls in older adults.* Journal American Medical Association. 318(17):1659-1660. Nov 2017

[4] PROMOLAR. *As alterações comuns no processo de envelhecimento* (2017). Disponível em: <https://www. promolar.com.br/idoso/as-alteracoes-comuns-no-processo-de-envelhecimento.html>. Acessado em: 20/09/17.

[5]HOMEANGELS. Senescência e Senilidade (2017) Disponível em: <http://www.homeangels.com.br/itu-centro /noticias.asp?id =4512>. Acessado em: 22/09/2017.

[6] Cançado FAX, Alanis LM, Horta ML. Envelhecimento Cerebral. In Freitas, EV, Py L, Cançado FAX, Gorzoni ML, Doll J. (Eds.). Tratado de Geriatria e Gerontologia. 3. Ed.Rio de Janeiro: Guanabara Koogan, p.68,71, 2011.

[7] Yoshihisa A, Watanabe S, Kanno S, Kanno Y, Takiguchi M, Sato A, Yokokawa T, Miura S, Shimizu T, Abe S, Sato T, Suzuki S, Oikawa M, Sakamoto N, Yamaki T, Sugimoto K, Kunii H, Nakazato K, Suzuki H, Saitoh S, Takeishi Y. *The CHA2DS2-VASc score as a predictor of high mortality in hospitalized heart failure patients. ESC Heart Failure* 2016; 3: 261–269

[8] Afiune A. Envelhecimento Cardiovascular. In Freitas, EV, Py L, Cançado FAX, Gorzoni ML, Doll J. (Eds.). Tratado de Geriatria e Gerontologia. 3. Ed.Rio de Janeiro: Guanabara Koogan, p.68,71, 2011.

[9] Gorzoni ML. Envelhecimento Pulmonar. In Freitas, EV, Py L, Cançado FAX, Gorzoni ML, Doll J. (Eds.). Tratado de Geriatria e Gerontologia. 3. Ed.Rio de Janeiro: Guanabara Koogan, p.68,71, 2011.

[10] Senger J. Doença pulmonar obstrutiva crônica. In Freitas, EV, Py L, Cançado FAX, Gorzoni ML, Doll J. (Eds.). *Tratado de Geriatria e Gerontologia*. 3. Ed.Rio de Janeiro: Guanabara Koogan, p.68,71, 2011.

[11] Remédio da Terra. *Senilidade – causas e sintomas* (2016). Disponível em: <https://remediodaterra.com/senilidade-causas-e-sintomas/>. Acessado em: 20/09/17.

[12] Carlos FSA, Pereira FRA. Principais doenças crônicas acometidas em idosos. 2015. Disponível em <http://www.editorarealize.com.br/revistas/cieh/trabalhos/TR ABALHO_EV040_MD4_SA2_ID2624_11092015161625.pdf >. Acessado em: 23/09/17.

[13] DATASUS, Ministério da Saúde. Disponível em: http://tabnet.datasus.gov.br/cgi/deftohtm.exe?ibge/cnv/popuf. def Acesso em 14 nov 2017.

[14] Chaimowicz F, Camargos MCS. Envelhecimento e saúde no Brasil. In Freitas, EV, Py L, Cançado FAX, Gorzoni ML, Doll J. (Eds.). Tratado de Geriatria e Gerontologia. 3. Ed.Rio de Janeiro: Guanabara Koogan, p.68,71, 2011.

[15] Martins MPS, Gomes A, Martins MC, Mattos MA, Souza Filho MD, Mello DB, Dantas EHM. *Consumo Alimentar, Pressão Arterial e Controle Metabólico em Idosos Diabéticos Hipertensos.* Disponível em:<http://sociedades.cardiol.br/ socerj/revista/2010_03/a2010_v23_n03_completa.pdf#page=1 4. Acesso em: 20 nov. 2017.

[16] Teixera C e col. *Aferição de sinais vitais: um indicador do cuidado seguro em idosos.* Disponível em <http://www.scielo.br /pdf/tce/v24n4/pt_0104-0707-tce-24-04-01071.pdf>p.2-3. Acessado em: 24/09/17.

[17] Varela M. Fundamentos da enfermagem. 2014. Disponível em < http://www.ifcursos.com.br/sistema/admin/arquivos/19-14-31-apostila-fundamentos.pdf>. p. 22-25. Acessado em: 23/09/17.

[18] Nardes, JGD, Chequim G. *Pulseira para monitoramento de queda e batimento cardíaco de idosos.* 2015. 23 f. TCC (Graduação) - Curso de Engenharia da Computação, Núcleo de Ciências Exatas e Tecnológicas, Universidade Positivo, Curitiba, 2015. Disponível em: <http://www.up.edu.br/blogs/engenharia-da-computacao/wpcontent/uploads/sites/6/2015/12/2015. Nardes.Chequim.pdf>. Acesso em: 11 nov. 2017.

[19] Souza JAG, Iglesias ACRG. *Trauma no Idoso.* Rio de Janeiro. Revista Associação Medica Brasileira, p. 79-86, 2002.

[20] Mantovani M. *Suporte básico de vida no trauma.* São Paulo: Atheneu, 2006.

[21] PERGOLA AM, ARAUJO IEM. *Lay people and basic life support.* Campinas. Revista Escola de Enfermagem USP, p.334-341, 2009.

[22] Frame S, Richard R, Joseph D. Préhospital trauma life support –PHTLS.7 ed. Rio de Janeiro: Elsevier, 2011.

[23] LANGE, C. *Acidentes domésticos em idosos com diagnostico de demência atendidos em um ambulatório de*

Ribeirão Preto – SP. 2005. 221f. Tese (DOUTORADO) – Escola de Enfermagem de Ribeirão Preto, Universidade de São Paulo, Ribeirão Preto, 2005. Disponível em: <http://www.teses.usp.br/teses/disponiveis /22/22132/tde-23062005-113139/pt-br.php> Acessado em: 2/11/17.

[24] Sociedade Brasileira de Cardiologia. Arquivos Brasileiros de Cardiologia. V diretriz da sociedade brasileira de cardiologia sobre tratamento de infarto agudo do miocárdio com supra desnível do segmento ST. Rio de Janeiro, 2015.

[25] Marelli A, Steven PM, Bradley SM, Jefferson A and Newburguer JW. *The Brain in Congenital Heart Disease across the Lifespan: The Cumulative Burden of Injury. Circulation.* 2016 May 17; 133(20): 1951–1962.

[26] Brujin RFAG, Heeringa J, Wolters FJ, Franco OH, Stricker BHC, Hofman A, Koudstaal PJ, Ikram MA. Association Between Atrial Fibrillation and Dementia in the General Population. JAMA Neurology, september 2015. Disponível em https://jamanetwork.com/journals/jamaneurology. Acessado em 16/11/17.

[27] Jefferson AL, Liu D, Gupta DK, Pechman KR, Watchman JM, Gordon EA, Rane S, Bell SP, Mendes LA, Davis LT, Gifford KA, Hohman TJ, Wang TJ, Donahue MJ Lowercardiac index levels relate tolowercereralbloodflow in olderadults.*Neurology*, Disponível em: http://dx.doi.org/10. 1212/WNL.0000000000004707. Acessado em 15/11/17

[28] ESC Clinical Practice Guidelines Disponível em: https://www.escardio.org/Guidelines/Clinical-Practice-Guidelines Acessado em 16/11/17.

[29] Braga J L, Alvarenga RMP, Neto JBMM. Acidente vascular cerebral. Disponível em: <http://www.moreirajr.com.br/revistas.asp?id_materia=2245&fase=imprime> Acessado em: 11/11/17.

[30] Yamashita L, Fukujima G, Granitoff NP. *Pacientes com acidente vascular cerebral isquêmico já é atendido com mais rapidez no hospital São Paulo.* São Paulo: UNIFESP, 2003.

Capítulo 9

Viabilidade de técnicas de escaneamento
ótico para digitalização de membros inferiores

Anderson Antonio Horta

Marco Aurélio de Faria Borges

Mariana Ribeiro Volpini Lana

Paulo Henrique Rodrigues Guilherme Reis

INTRODUÇÃO

Visando o desenvolvimento adequado de produtos ortopédicos personalizados, a anatomia do membro do paciente é um fator fundamental para o correto funcionamento e adequação e dispositivo a ser desenvolvido[1]. As dimensões e geometria do modelo que servirá como referência para a fabricação do dispositivo deve ser aferida com alto grau de precisão, tornando o dispositivo personalizado e mais eficiente para o tratamento e adesão do paciente [1, 2]

248

Nesse contexto de alta complexidade metrológica, os modelos computacionais desenvolvidos a partir de dispositivos de escaneamento tridimensional se mostram uma ferramenta de alto impacto no que tange ao auxílio no planejamento pré-operatório, comunicação conceitual entre médicos e suporte para o desenvolvimento de dispositivos personalizados como órteses e próteses [3, 4]. A precisão alcançada pelos modelos produzidos por tecnologias tridimensionais é determinada pelos dispositivos de aquisição de dados, variando de acordo com os objetivos de digitalização e o ambiente ao qual o escaneamento é realizado[5].

A evolução da tecnologia ótica permitiu que a reconstrução precisa e detalhada da geometria de objetos reais se tornasse um processo mais comum e simplificado. Entender os processos de aquisição do modelo virtual pelas tecnologias óticas, compreendendo suas limitações, vantagens e desvantagens, é essencial para garantir a eficiência da digitalização realizada [6]. Com o intuito de aferir a qualidade dos modelos digitais gerados por tecnologias de escaneamento ótico, este estudo busca realizar uma comparação entre os métodos de digitalização por Fotogrametria e Luz

Estruturada. O objetivo central deste estudo é testar a viabilidade dos dois métodos óticos de escaneamento para a produção de dispositivos ortopédicos através da análise da fidelidade dimensional ao membro do paciente.

PROCEDIMENTO EXPERIMENTAL

Para a realização deste estudo o objeto de escaneamento foi a morfologia do pé de um adulto do sexo masculino, sendo que o escaneamento foi realizado respeitando condições favoráveis e compatíveis com os equipamentos de digitalização utilizados. Para a análise e comparação das dimensões e geometria do pé foram utilizados tendão e pontos de proeminência óssea. Os marcadores foram alocados no primeiro e no quinto metatarso e no maléolo medial e lateral. O objeto de estudo, bem como a disposição das marcações pode ser visualizado na figura 1.

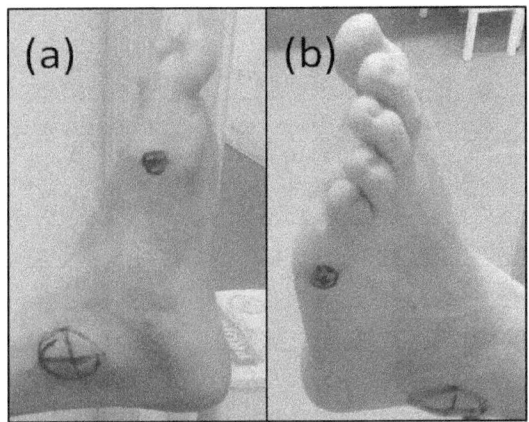

Figura 1: marcadores de proeminência óssea utilizados; (a) Maléolo Medial e Primeiro Metatarso; (b) Maléolo Lateral e Quinto Metatarso.

Os modelos gerados pelos métodos de escaneamento serão avaliados segundo seis indicadores dimensionais, que são a distância entre o primeiro e o quinto metatarso, a dimensão da cabeça do primeiro metatarso, o centro do maléolo medial até o solo, a distância entre o maléolo medial e o maléolo lateral, a distância entre o maléolo lateral até o tendão calcâneo e a distância entre o maléolo medial até o tendão calcâneo. As distâncias originais especificadas por este estudo como referência são demonstradas na tabela 1.

TABELA 1: DISTÂNCIAS REFERÊNCIAS AFERIDAS DO PÉ DO
PACIENTE DE ESTUDO

Referência	Distância - mm
Primeiro ao Quinto Metatarso	99,5
Cabeça do Primeiro Metatarso	41,3
Centro do Maléolo Medial até o Solo	90,2
Maléolo Medial até o Maléolo Lateral	75,4
Maléolo Medial até o Tendão	65,2
Maléolo Lateral até o Tendão	56,1

A digitalização da morfologia do membro foi realizada por intermédio do software ReMake, da Autodesk, que utiliza a técnica de fotogrametria para a captura do modelo digital e o equipamento 3D Sense, da fabricante Intel, que utiliza a técnica de padrão de luz estruturada para a execução do modelo virtual. Para o desenvolvimento do modelo virtual pelo método de fotogrametria se utilizou de 70 fotografias digitais geradas por uma câmera de 9 megapixels de um smartphone modelo Moto G1 XT1036.

RESULTADOS E DISCUSSÕES

Conforme já era esperado, as digitalizações realizadas por essa pesquisa, por se fundamentarem em técnicas de escaneamento óticas, apresentaram requisitos quanto a incidência de luz ambiente. Os testes de digitalização foram realizados com luminosidade incidente uniforme, atendendo as condições necessárias de digitalização.

O método de digitalização por fotogrametria apresentou como resultado um modelo digital demonstrando desvios geométricos na estrutura da malha virtual se comparado com o membro original. O modelo gerado apresentou baixa captura de detalhes e baixa complexidade geométrica, demonstrando pouca fidelidade morfológica com o pé do paciente. O modelo, bem como as indicações das distancias tomadas, pode ser visualizado na figura 2.

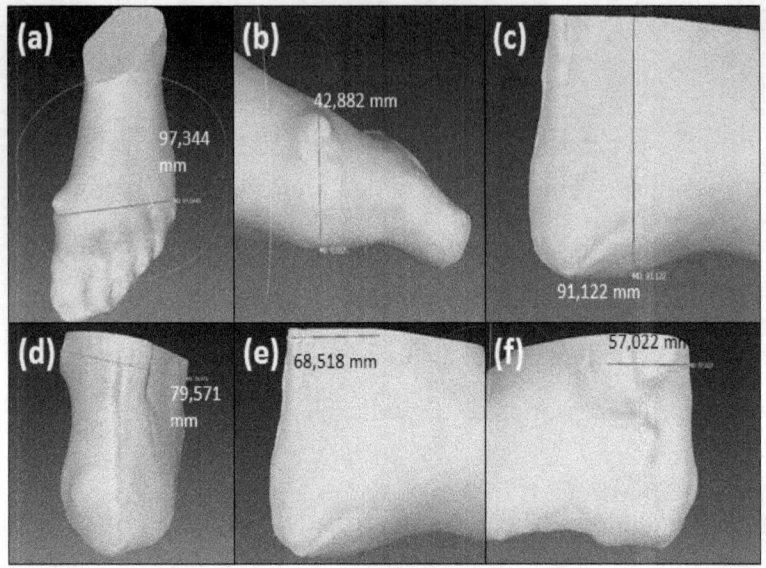

Figura 2: modelo gerado por fotogrametria; (a) distância entre o primeiro e o quinto metatarso; (b) dimensão da cabeça do primeiro metatarso; (c) centro do maléolo medial até o solo; (d) a distância entre o maléolo medial e o maléolo lateral; (e) distância entre o maléolo lateral até o tendão calcâneo; (f) distância entre o maléolo medial até o tendão calcâneo.

As dimensões aferidas para o modelo gerado pelo método de geometria apresentaram maior variação percentual quando comparado com o modelo original. As distancias aferidas, assim como o percentual de variação são demonstrados na tabela 2.

TABELA 2: DISTANCIAS REFERÊNCIA AFERIDAS DO MODELO
GERADO POR FOTOGRAMETRIA, E PERCENTUAL DE
VARIAÇÃO COM MODELO ORIGINAL

Referencia	Distancia - mm	Variação Percentual
Primeiro ao Quinto Metatarso	97,34	2,17%
Cabeça do Primeiro Metatarso	42,88	3,83%
Centro do Maléolo Medial até o Solo	91,12	1,02%
Maléolo Medial até o Maléolo Lateral	79,57	5,53%
Maléolo Medial até o Tendão	68,51	5,08%
Maléolo Lateral até o Tendão	57,02	1,64%

O modelo gerado pelo método de digitalização por luz estruturada apresentou alta captura de detalhes geométricos e alta fidelidade dimensional com o modelo original, embora apresentasse maior índice de ruídos se comparado com o modelo gerado por fotogrametria. A captura de detalhes foi alta, representando com precisão os contornos geométricos do pé do paciente. O modelo, bem como as indicações das distancias tomadas, pode ser visualizado na figura 3.

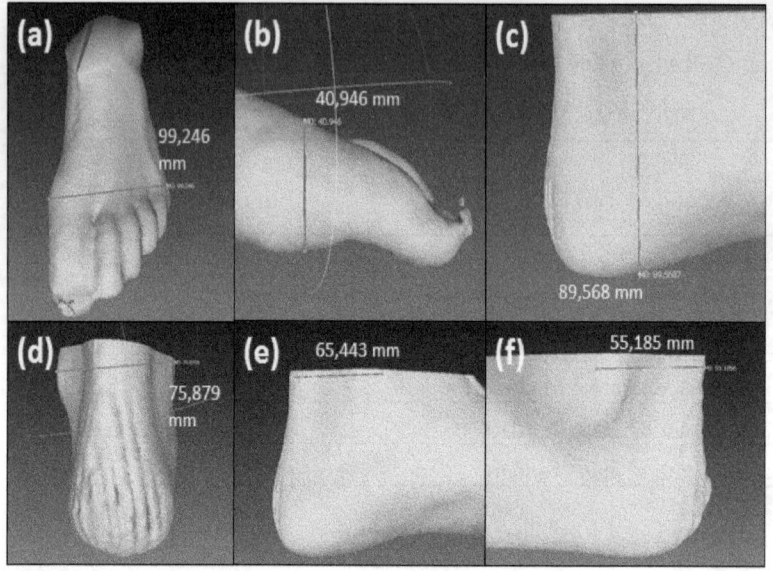

Figura 3: modelo gerado por luz estruturada; (a) distância entre o primeiro e o quinto metatarso; (b) dimensão da cabeça do primeiro metatarso; (c) centro do maléolo medial até o solo; (d) a distância entre o maléolo medial e o maléolo lateral; (e) distância entre o maléolo lateral até o tendão calcâneo; (f) distância entre o maléolo medial até o tendão calcâneo.

As dimensões referência do modelo gerado por luz estruturada apresentaram maior fidelidade ao modelo original, com baixa variação percentual. As distancias aferidas, assim como o percentual de variação são demonstrados na tabela 3.

TABELA 2: DISTANCIAS REFERÊNCIA AFERIDAS DO MODELO
GERADO POR LUZ ESTRUTURADA, E PERCENTUAL DE
VARIAÇÃO COM MODELO ORIGINAL

Referência	Distância - mm	Variação Percentual
Primeiro ao Quinto Metatarso	99,24	0,26%
Cabeça do Primeiro Metatarso	40,94	0,87%
Centro do Maléolo Medial até o Solo	89,56	0,71%
Maléolo Medial até o Maléolo Lateral	75,87	0,62%
Maléolo Medial até o Tendão	65,44	0,37%
Maléolo Lateral até o Tendão	55,18	1,64%

Considerando a topografia dimensional dos dois modelos, as diferenças mais latentes foram evidencias nas proeminências ósseas de maior significância dimensional, como o maléolo medial e o primeiro metatarso. A comparação dimensional entre os dois modelos apresentou maior variação na dimensão do maléolo medial, com um erro de 14,94mm. O erro dimensional médio entre os dois modelos foi de 1,01mm. A variação dimensional e o histograma de distancias podem ser visualizados na figura 4.

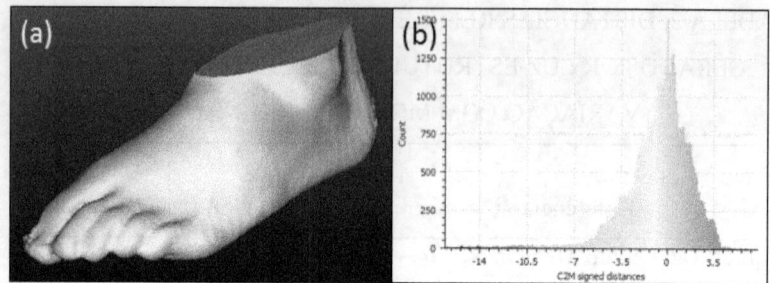

Figura 4: comparação dimensional entre os modelos gerados por fotogrametria e luz estruturada; (a) topografia dimensional; (b) histograma de distancias médias.

REFERÊNCIAS

[1] Hawke F, Burns J, Radford JA, du Toit V.Custom-made foot orthoses for the treatment of foot pain. *Cochrane Database Syst Rev.* Vol. 16, No. 3, CD006801, 2008.

[2] Trotter LC, Pierrynowski MR. Ability of foot care professionals to cast feet using the non-weightbearing plaster and the gait-referenced foam casting techniques. *JAPMA* Vol. 98, No. 14, 2008.

[3] Helule K, Coole T, Chesire D. Fabrication of medical models from scan data via rapid prototyping techniques. Proceedings of the 2000. Conference. Conference on Time Compression Technologies Cardiff International Arena, UK; 2000.

[4] Ieu LC, Zlatov N, Sloten JV, Bohez E, Khanh L, Binh PH, Oris P, Toshev Y. Medical rapid prototyping: applications and methods. *Assembly Automation*. 2005. 25(4):284-292.

[5] Raja I, Fernandes VJ. *Reverse engineering: an industrial perspective.* Livro London: Springer–Verlag, 2008.

[6] Wego W. Reverse engineering: Technology of Reinvention, CRC Press – Taylor & Francis, Florida, USA, 2011.

www.ingramcontent.com/pod-product-compliance
Lightning Source LLC
Chambersburg PA
CBHW071407170526
45165CB00001B/206